[美] 阿尔弗雷德·S. 波萨门蒂 著

涂泓　冯承天　译

几何奇观

探索意想不到的几何之美

上海科技教育出版社

图书在版编目(CIP)数据

几何奇观：探索意想不到的几何之美 / (美)阿尔弗雷德·S.波萨门蒂著；涂泓，冯承天译. -- 上海：上海科技教育出版社，2024.12. --(数学桥丛书).

ISBN 978-7-5428-8323-0

Ⅰ. 018-49

中国国家版本馆CIP数据核字第2024S3L604号

责任编辑　郑丁葳
封面设计　符劼

数学桥丛书

几何奇观——探索意想不到的几何之美

[美]阿尔弗雷德·S.波萨门蒂　著

涂泓　冯承天　译

出版发行　上海科技教育出版社有限公司
　　　　　(上海市闵行区号景路159弄A座8楼　邮政编码201101)

网　　址　www.sste.com　www.ewen.co
经　　销　各地新华书店
印　　刷　上海商务联西印刷有限公司
开　　本　720×1000　1/16
印　　张　11.75
版　　次　2024年12月第1版
印　　次　2024年12月第1次印刷
书　　号　ISBN 978-7-5428-8323-0/N·1238
图　　字　09-2023-0330号
定　　价　48.00元

献给我的子女和孙辈——

丽莎(Lisa)、丹尼尔(Daniel)、戴维(David)、

劳伦(Lauren)、麦克斯(Max)、塞缪尔(Samuel)、

杰克(Jack)和查尔斯(Charles),

他们拥有无限的未来。

引 言

我们知道几何无处不在。然而,还有许多人没有机会欣赏到令人惊奇的几何关系和它们的美。美国高中课程通常规定用一年的时间来学习几何,模仿数学家的工作方式,从公理和假设开始建立一个研究领域,然后以逻辑推理来证明各条定理。不过,这种注重定理证明的做法忽视了许许多多不寻常的关系。本书试图在不让这些证明使人"分心"的情况下展示那些几何奇观。

英语中对几何学的理解始于 18 世纪,当时苏格兰数学家西姆森(Robert Simson)用英语出版了欧几里得(Euclid)的《几何原本》(*Elements*)中的大部分内容。到了 19 世纪,法国数学家勒让德(Adrien-Marie Legendre,1752—1833)进一步完善了这些知识。首先将几何学引入美国的则是美国的数学家戴维斯(Charles Davies,1798—1876),他编写了一本教科书,该书以定义、公理和假设为起点,进而引出定理。这原本是一门大学课程,而从 20 世纪开始,这一课程通常在高中十年级教授。在大多数人的记忆中,这门课都是在证明定理,而这些定理最终会以数学家研究数学的方式建立起一个知识体系。

在建立起一个环环相扣的知识体系的过程中,有着显而易见的美。不过,这种做法往往不能让学生充分体会渗透在平面几何这一学科中的种种令人惊叹的关系。在完全出乎意料的情况下,你能发现三条或多条线共点或者三个或多个点共线。或者,如果你知道任意三个非共线点确定一个唯一的圆，那么在什么情况下四个或更多的点会在同一个圆上？这些例子只是一些经常被忽视的、令人惊讶的几何元素。我希望在本书中能弥补这种疏忽。

除了这些不同寻常的特性之外，由于受表达方式的限制，几何学的许多方面可能在无意中被忽略了。在处理直线图形时，三角形自然是占主导地位的。不过，四边形也值得考虑，我们将在适当的时候介绍四边形。为了激起你的兴趣，请画一个四边形，它没有任何平行边，也没有任何边等长。如果你将这个不规则的四边形的各边中点相继连起来，从而画出另一个四边形，那么你最后得到的总是一个平行四边形（如图0.1所示）。这显然不在意料之中，但却是事实！在我们的几何学之旅中，你将会看到，除此之外还有许许多多类似的新奇的几何事物在等待着我们。

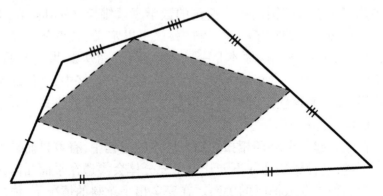

图0.1　连接四边形各边中点构成平行四边形

几何学知识不仅是许多有趣的发现，也是几个世纪以来杰出的数学家们辛勤工作的结果。本书基于他们所研究的几何关系，探究其中的意义。

几何中存在着美，黄金矩形就是一例。在本书中，我们将同时从美学和数学的角度欣赏它。当然，黄金矩形也遍布在数学的许多分支中，因此我们将顺便关联其中的几个分支，以突出其重要性。

几何也具有趣味性，有些错误往往在不知不觉间产生，直到演变出一个荒谬的结果才被发现。然后我们就会充满兴趣，并试图去纠正在研究或假设中可能出现错误的地方。

本书从直线的共点性出发，开启我们的几何之旅，并带你领略各种几何奇观。我们感兴趣的主要是那些既定事实的关系，因此本书的阐述不会受到证明过程的干扰。如前所述，高中几何课程主要是在几何体系内部建立起一个逻辑系统，它对证明过程的重视多于由证明得出的结果。相比之下，本书着眼于这些结果，并欣赏那些令人惊叹的关系。这将贯穿始终。本书的目标是让作为读者的你能欣赏几何学，而不必分心去证明每一个发现。

当你看到这些意想不到的、相当有趣的关系时，你可能会忍不住到你的几何工具箱里去挖掘一番，并试图证明它们。或者你也许会用一把没有刻度的直尺和一副圆规来作出一个几何图形。不过，如今我们可以通过使用动态几何软件来验证这种关系确实成立，如几何画板或Geogebra。简而言之，通过使用这些软件来演示本书中出现的许多意想不到的关系，几乎可以像一个严格意义上的逻辑证明一样令人信服。坦率地说,在探究本书中所展示的这些奇迹时,你应该会经常惊呼:"哇,真是一个惊人的结果啊!"我们现在邀请你与我们一起通过这种相当不寻常的方法,不受证明拖累地来充分领会几何学的力量和美。

探索意想不到的几何之美　　几何奇观

目　　录

第1章 共点性

直线作为几何学的基本元素之一,值得研究。我们知道,同一平面上任何两条不平行的直线最终都会相交。当第三条直线与前两条直线相交于同一点时,我们就有三条共点线,它们有一个公共点。当三条以上的直线有一个公共点时,这种关系就变得更有趣了。我们从三角形的各种共点线开始,得出这些相当常见的共点性,然后将共点性的知识延伸到其他几何图形,此时,我们希望为读者提供一些令人感到意外和惊叹的想法。我们首先考虑一个三角形的三条高,即从三角形各顶点向对边所作的垂线。

三角形的高

最常见的共点性也许是一个三角形的三条高给出的。我们通常认为这个事实是理所当然的。不过,这是一个很好的例子,我们可以用它来开始对共点性的思考。在图1.1、1.2和1.3中,我们画出了三种基本的三角形:锐角三角形,它的所有角都小于90°;钝角三角形,它有一个角大于90°;以及直角三角形。每一个三角形都有三条高 AD、BE、CF 相交于 H 点。这个通常被叫作公共点的交点便是该三角形的垂心,它位于锐角三角形的内部、钝角三角形的外部和直角三角形的直角顶点处,如图1.1至1.3所示。

我们可以从高的这种关系中得出更多的信息。这个公共点特别有趣的地方在于,它将各条高分成了一些乘积相等的长度。尽管这一关系对图1.1、1.2和1.3中所示的三种情况都成立,但对于锐角三角形可能最容易

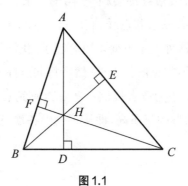

图1.1

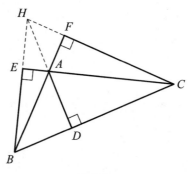

图1.2

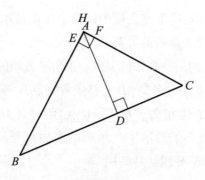

图1.3

看出：$AH \cdot HD = BH \cdot HE = CH \cdot HF$。

遗憾的是，尽管这种关系在讨论相似三角形时很容易得到，但它却很少出现在高中课堂上。另一种关系在高中几何中也没有提及，而它却能进一步提升你对三角形的三条高的认识。图1.1、1.2和1.3中所示的三角形还存在由垂足（高与对边相交的点）确定的交替线段之间的关系：$BD^2 + CE^2 + AF^2 = CD^2 + AE^2 + BF^2$。

高与三角形其他各部分的关系并不割裂。例如，在图1.4中，我们先作一个三角形的一条高（比如AE）。然后我们作该三角形的外接圆和过顶点A的半径。出乎意料的是，当我们作三角形ABC的$\angle A$的角平分线时，我们发现这条平分线也平分了我们刚刚构成的那个角$\angle IAE$，或者换一种方式

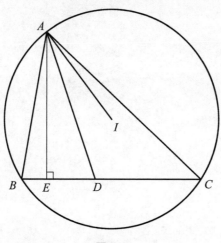

图1.4

来表示，∠EAD =∠IAD。这也是在高中课堂上未能展示的许多关系之一，它还引出后续一些较为隐蔽的关系。

图1.5是三角形的一条高如何引出一条角平分线的另一个例子。如图1.5所示，三角形 ABC 的一条高 AD 上有任意一点 E，连接 BE、CE，其延长线分别与 AC 边和 AB 边相交于 P 点和 Q 点。此时高 AD 将平分∠PDQ，即 ∠ADQ =∠ADP。这个例子展示了三角形的高如何与一条角平分线相关联——在本例中，角平分线就是高！

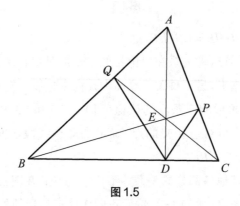

图1.5

考虑其他共点性

共点性有时以最奇特的方式出现。例如，如图1.6所示的三角形ABC。在这里，边BC延长到点P，点P可以在延长线上的任何位置。然后过点P任意作一条直线，分别与边AC和AB相交于点D和点F。当DE平行于AB、FE平行于AC时，EF、DE、BC都包含点E，或者说它们共点于点E。回想一下，我们将点P选在BC延长线上的任何位置，这就是这个例子如此非同寻常的原因。

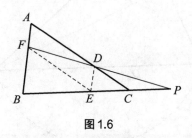

图1.6

还有许多其他关系也涉及三角形的高。例如，如果将任意一条高延长到原始三角形的外接圆上，则这条高所垂直的三角形的边（BC）将平分从垂心H到与外接圆的交点G的线段。请注意，在图1.7中，高AD上的点D便是HG的中点，即$HD=GD$。

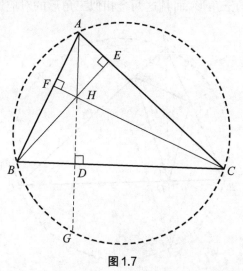

图1.7

如果我们延长另一条高,如图1.8所示,那么现在有两条高与外接圆分别相交于点 G 和点 J。相当出乎意料的是,这确定了圆上的两条相等的弧 JC 和 GC,即点 C 平分弧 JCG。将任何三角形的两条高延长到外接圆,这个关系都成立。这就是为什么这一关系如此有趣。

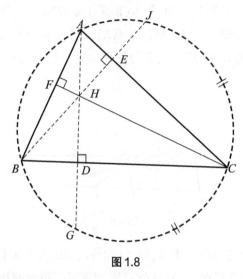

图1.8

假设我们现在把剩下的那条高 CF 延长,与圆相交于点 K。当把三条高与外接圆的三个交点 J、K、G 连起来时,结果不仅会得到一个与垂足三角形 DEF 相似的三角形,而且这两个相似三角形的对应边平行。如图1.9

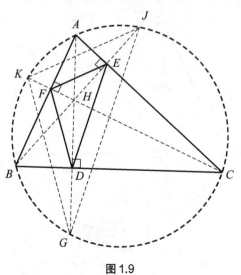

图1.9

所示。

　　图1.9中特别令人惊讶的是,由于这是一个锐角三角形,因此三角形
ABC的各条高分别平分垂足三角形中相应的各个角。换言之,高AD平分
$\angle EDF$,高BE平分$\angle FED$,高CF平分$\angle DFE$。

　　垂足三角形的位置也很有趣:把三角形各顶点与该三角形的外接圆
圆心相连接而得到的三条半径垂直于垂足三角形的各边。如图1.10所示,
对于三角形ABC,把三个顶点A、B、C分别与外接圆O的圆心相连,得到三
条半径,这些半径必然垂直于垂足三角形DEF的各边。这种简单而意想
不到的关系大大提升了几何学之美。

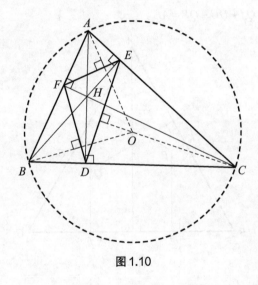

图1.10

　　如果一个三角形的三个顶点分别在另一个较大三角形的三条边上,
那么就说这个三角形内接于另一个三角形。在图1.11中,三角形DEF内

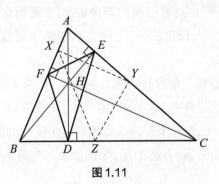

图1.11

接于三角形 ABC。此外,三角形 DEF 的每个顶点都是三角形 ABC 的高的垂足。则在所有可能的内接三角形中,三角形 DEF 的周长最小。也就是说,三角形 DEF 的周长小于三角形 XYZ 或由三角形 ABC 各边上的任意三个点构成的其他三角形的周长。回想一下前面的一个例子,原始三角形 ABC 的每条高,即 AD、BE、CF,分别平分垂足三角形的三个内角。

这里稍微离题一下,讨论一个有趣的问题。等边三角形 ABC 内的任意点 P(图 1.12)到等边三角形三条边的垂直距离之和与该三角形内任何其他点(如 Q)到各边的垂直距离之和相等。这个距离之和总是等于该等边三角形的高的长度。因此,参考图 1.12,我们可以将这一关系总结如下:

$$PK + PH + PD = QJ + QG + QF = AE。$$

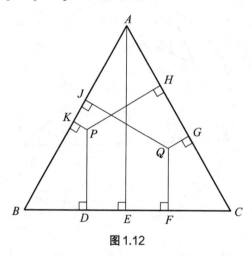

图 1.12

以等边三角形的一条边为直径作一个半圆,就产生了一种特殊的关系。如图 1.13 所示,以等边三角形 ABC 的 BC 边为直径作半圆 BDC。点 E 和 F 是线段 BC 的三等分点。然后我们连接 AE 与半圆相交于点 G,连接 AF 与半圆相交于点 J。令人惊讶的是,半圆也被这两条直线三等分,即弧 BG、GJ、CJ 是相等的弧。

若要了解垂心与三角形其余部分的关系,请考虑两条高和一条边的中点。如图 1.14 所示,其中 N 是高 CF 的中点,M 是高 BE 的中点,K 是 BC 边的中点。众所周知,任意三个非共线点确定一个唯一的圆。不过,在这个圆上获得其他点并非易事。有趣的是,无论原始三角形 ABC 的形状如何,其

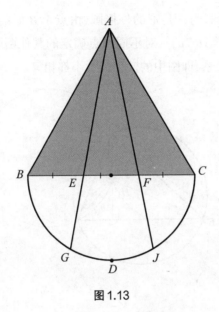

图 1.13

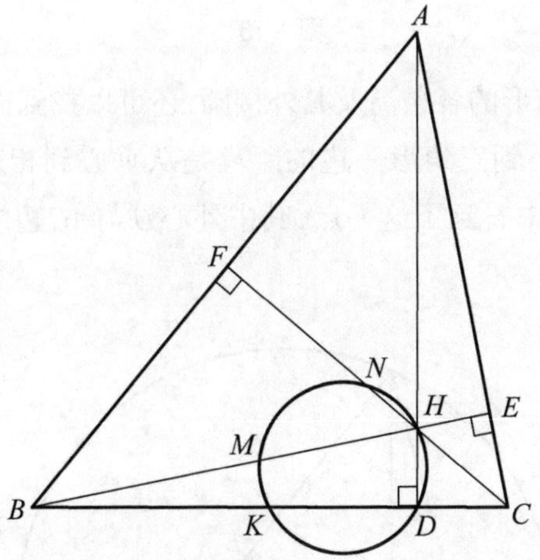

图 1.14

垂心位于由三个非共线点 M、N、K 确定的那个圆之上。稍后我们将考虑更多的共圆点(位于同一个圆上的点)。

一个三角形的三条高的交点(或者说垂心)有许多特殊的性质。其中有一条性质相当奇异。我们知道任意三个非共线点确定一个唯一的圆。图 1.15 中有三个由三角形的垂心和两个顶点所确定的圆。你会发现,这个由点B、H、C确定的圆,与三角形的外接圆(由点A、B、C确定)大小相等。对于由垂心和三角形ABC的一对不同顶点确定的其他两个圆(如图1.15所示),也有相同的关系,即图中的四个圆大小都相等。

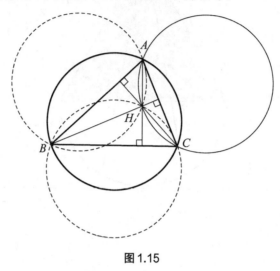

图 1.15

关于一个三角形的各条高及其外接圆,还可以找到许多其他的关系。其中之一是从外心到三角形一边的距离是从垂心到相对顶点距离的一半。我们在图1.16中看到了这一点,其中外心O与AC边之间的距离$OG = \frac{1}{2}BH$。

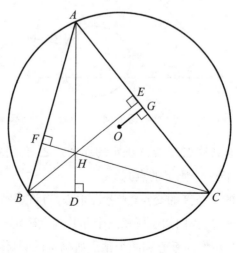

图 1.16

三角形三条中线的共点性

我们已经看到,一个三角形的每条高被它们的公共点分成两段,而这两条线段长度的乘积对于所有高都相同。一个三角形的三条中线也交于一点,并且这个点将每条中线三等分。在图1.17中,三条中线 AD、BE、CF 相交于点 G,它们的交点将每条中线三等分,因此 $GD = \frac{1}{3}AD$、$GE = \frac{1}{3}BE$、$GF = \frac{1}{3}CF$。这个交点称为三角形的重心,因为它是此三角形的重力中心。这意味着,如果你想保持一块三角形纸板平衡,那么就应该以三角形的重心位置作为支点。

此外,如图1.17,三条中线将三角形 ABC 分割为六个面积相等的小三角形。

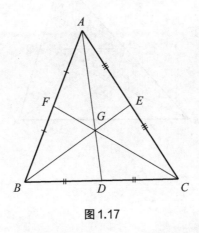

图1.17

直线的共点性有时在我们最意想不到的时候出现。例如,任意作一条平行于三角形一边的直线,与三角形的两条边相交。将该三角形的两个顶点与上述两个交点相连,这两条连线的交点总是位于从第三个顶点出发的中线上。如图1.18所示,PQ 与三角形 ABC 的边 BC 平行。令人相当惊讶的是,PC 和 QB 总是与中线 AM 共点。

如果我们使平行于 BC 边的 PQ 通过 AM 的中点 N,我们就会发现 N 既是 AM 的中点,也是 PQ 的中点,如图1.19所示。请注意,当两条线段(比如

AM 和 PQ）彼此平分时，它们就构成了平行四边形 $AQMP$。

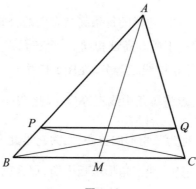

图 1.18

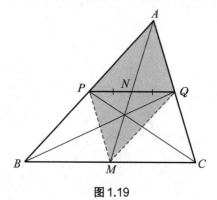

图 1.19

塞瓦定理

1678年，意大利数学家塞瓦（Giovanni Ceva，1648—1734）在他的著作《直线论》（*De lineis rectis*）中发表了一条关于三角形中的直线共点的定理，这条定理极为有用，但常常被忽视。早在11世纪，阿拉伯数学家胡德（Al-Mu'taman ibn Hūd）就已经证明了这条定理，尽管如此，我们仍然把它归功于塞瓦，因为人们在塞瓦发现该定理前，对它一无所知。这条定理指出，连接三角形各顶点与对边的三条线段，当且仅当由它们与对边的交点所确定的沿各边的交替线段乘积相等时，这三条线段共点。在图1.20中，当且仅当 $AF \cdot BD \cdot CE = FB \cdot DC \cdot EA$ 时，AD、BE、CF 这三条直线共点。利用塞瓦定理，证明三角形的中线共点会变得十分简单，因为此时交替线段的乘积显然相等。塞瓦定理在建立连接顶点与三角形对边的线段的共点性时非常有用，我们将在后文中看到。

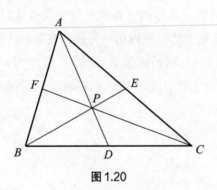

图1.20

三角形角平分线的共点性

另一个应该在高中几何中介绍的共点性是一个三角形的三条角平分线的共点性。图1.21展示了角平分线 *AD*、*BE*、*CF* 的共点性，它们相交于点 *I*。该点称为内心，因为它是三角形内切圆（即与三角形三条边都相切的圆）的圆心。

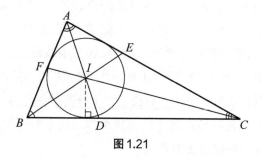

图1.21

塞瓦定理在证明三角形的三条角平分线共点性时非常有用。塞瓦定理还能证明一个三角形的一条内角平分线与其他两个角的外角平分线是共点的，如图1.22所示。延长内角平分线 *AL*，它将与两条外角平分线 *KB* 和 *NC* 的延长线相交于点 *P*。志存高远的读者可以尝试用塞瓦定理来证明

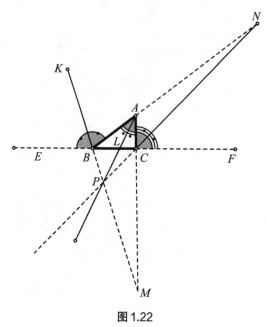

图1.22

这种共点性。我们在这里只是欣赏这样一个事实:平面几何之中存在着诸如此类的一些迷人关系。

三角形的角平分线会衍生出许多不同寻常的共点性。我们将在这里展示其中之一作为例子,在后文中还将展示其他例子。在图1.23中,AD是$\angle BAC$的平分线,点M和点N分别是内切圆与三角形的AC边和BC边的切点。MN与AD的交点是点P。有趣的是,当我们从点B向AD作垂线时,垂足恰好是点P。

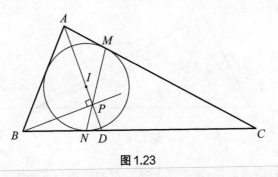

图1.23

另一个共点的例子同时使用了三角形内切圆和外接圆,如图1.24所示。有一个三角形ABC,$\angle BAC$的平分线是AD。过点D作一条与BC边垂直的直线,它与外接圆的直径AO相交于点P。相当出乎意料的是,AD的垂直平分线也过点P。

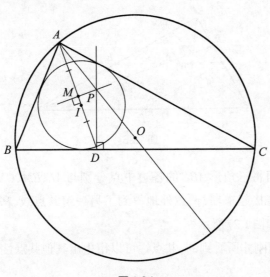

图1.24

在三角形中发现共点性

在这里,我们来阐明如何从一个任意三角形的一组中点衍生出一些几何关系。在三角形ABC(图1.25)中,从各个顶点向各条对边作一组共点线AL、BM、CN,这三条线段的中点分别是P、Q、R。这个三角形的三条边的中点是D、E、F。

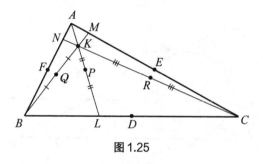

图1.25

然后我们作三角形DEF(图1.26),它的各边与三角形ABC的对应边平行。显然,当你把一个三角形的两边中点连起来时,这样构成的线段长度是第三条边的一半,并且平行于第三条边。但现在我们要寻找另一组共点线。

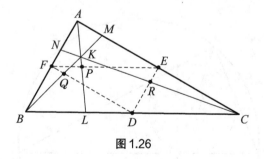

图1.26

假设我们将三角形ABC的各边中点分别与AL、BM、CN的三个中点(即P、Q、R)连接起来。我们意外地得到了另一组共点线,PD、QE、RF,它们都过点S,如图1.27所示。

正如我们刚才所看到的,共点性可以衍生出其他共点性。甚至也许可

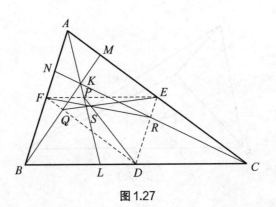

图 1.27

以源源不断地找到更多这样的关系。我们只需选择三角形 ABC 内的任意点 P，并将其与每个顶点相连，如图 1.28 所示。就得到了三条共点线段 AP、BP、CP。然后作顶点 P 处的每个角的角平分线。这样就得到 $\angle APB$ 的平分线 PF、$\angle APC$ 的平分线 PE、$\angle BPC$ 的平分线 PD，其中的点 D、E、F 都在三角形 ABC 的各边上。当我们连接 AD、BE、CF 时，就会发现它们是共点的。

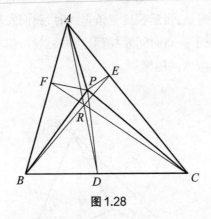

图 1.28

我们也可以在三角形内随机选择一些共点线。如图 1.29 所示，在三角形 ABC 内选择一个随机点 P。然后我们分别找到三角形 ABC 各边 AB、BC、CA 的中点 M、K、N。当我们分别通过点 K、N、M 作平行于 AP、BP、CP 的直线 KL、NJ、MG 时，我们发现它们共点于点 Q。请回忆一下，点 P 是随机选择的，因此无论点 P 位于三角形 ABC 中的什么位置，这些直线都有公共点 Q。

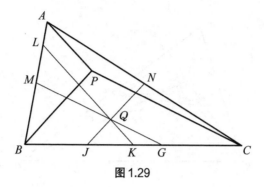

图1.29

有时一个共点性可以衍生出另一个共点性。在这里，我们要展示一种非同寻常的相关共点性。我们从三角形 ABC 开始，如图1.30所示，在此三角形中自顶点 A、B、C 作任意三条共点线 AP、BP、CP。然后作三角形 DEF，使其每一边分别垂直于上述三条共点线。在图1.30中，DE 垂直于 AP，DF 垂直于 BP，EF 垂直于 CP。接下来从三角形 DEF 的各顶点分别向三角形 ABC 的三边作垂线。在这里，我们看到 DK 垂直于 AB，EL 垂直于 AC，FM 垂直于 BC。出乎意料的是，当延长这三条垂线时，我们发现 DQ、EQ、FQ 共点于点 Q。虽然我们花了一点时间才找到这种共点性，但它进一步展示了几何学所特有的值得探索的图案。

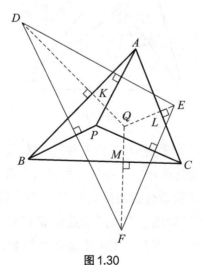

图1.30

有时,我们可以构造出一个具有惊人意义的共点。如图1.31中的三角形 ABC,用点 D 和点 E 将边 BC 三等分。这相当于将三角形 ABC 也三等分了,即三角形 ABD、ADE、AEC 都具有相同的面积。这一点很容易看出来,因为这三个三角形的底都是相等的,而且从 A 到直线 BC 的高也相同。我们运用共点性以另一种方式把这个三角形三等分。方法如下:作直线 DF 平行于 AB,直线 EJ 平行于 AC。EJ 与 DF 相交于点 P,通过这个点便可以将这个三角形分为面积相等的三块,即三角形 APB、APC、BPC。我们在前面遇到过类似的情况(图1.17),当时我们注意到,三角形的三条中线将三角形分为六个面积相等的小三角形。因此,如果我们将那些三角形两两组合,就可以将原三角形分为三个面积相等的小三角形。

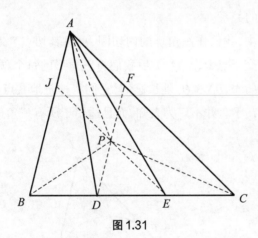

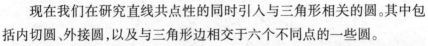

图1.31

现在我们在研究直线共点性的同时引入与三角形相关的圆。其中包括内切圆、外接圆,以及与三角形边相交于六个不同点的一些圆。

让我们首先考虑一个由三角形的内切圆衍生而来的共点性。我们之前已经注意到,三角形内切圆的圆心是三条角平分线的交点。如图1.32所示,AD、BE、CF 是三条角平分线,它们共点于点 I。借助内切圆,就可以得到另一组三线共点。将三角形的各顶点与内切圆的切点 T、U、V 连接起来,就得到了直线 AT、BU、CV,它们共点于点 K。这一点被称为热尔岗点,这是以它的发现者法国数学家热尔岗(Joseph Diaz Gergonne,1771—1859)的名字命名的。

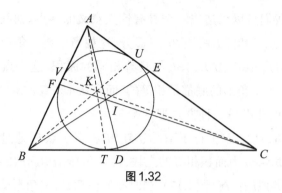

图 1.32

三角形的内切圆还能衍生出其他几种神奇的共点性。其中一些可能看起来有些不自然,而我们将讨论另外两种共点性,希望以此激励读者去寻找更多这样的关系。

在图 1.33 中,我们作三角形的内切圆,再过其切点 T、U、V 作直径,分别与内切圆相交于点 M、N、Q。然后我们将三角形的每个顶点与这些交点连接起来,得到 AM、BN、CQ。延长它们,它们将神奇地共点于点 P。这种关系的特殊之处在于它并不广为人知,而且适用于所有三角形。

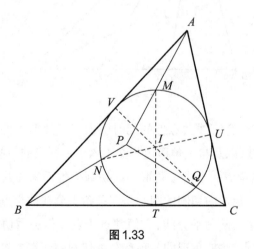

图 1.33

我们现在进行一个类似的作图。首先作任意三条共点线(公共点 R)。但这一次,它们不经过内切圆的圆心,它们分别从三个切点(T、U、V)出发,与圆的另一侧相交于点 W、Y、Z,如图 1.34 所示。将这些新确定的点 W、

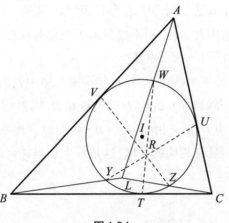

图 1.34

Y、Z 分别与最近的顶点相连，我们就再次发现了另一个共点性：AW、BY、CZ 的延长线相交于点 L。

有时候，看起来错综复杂的图可能会给出一个相当出乎意料的共点性。如图 1.35 所示的三角形 ABC，其中高 AY、BZ、CX 相交于点 Q，即垂心。借助此三角形任意两条边的垂直平分线，可以很容易确定其外接圆的圆心，即点 P。然后找出 AP、BP、CP 的中点 G、H、K。神奇的是，我们发现线段 GD、HE、FK 共点于点 O。

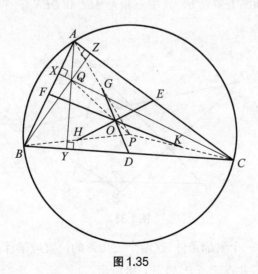

图 1.35

另外,也请注意这个构形中的垂心,因为它还有一个神奇之处,即点 Q、O、P 是共线的。因此,这个图不仅显示了一个共点性,而且还显示了一个共线性。这成为了下一章的铺垫。

在我们寻找另一个共点性时,首先在图1.36中找出垂心与各个顶点的连线的中点,即线段 AQ、BQ、CQ 的中点 G、H、K。然后我们将 G、H、K 与三角形的三边中点 D、E、F 相连。又一次,我们惊讶地发现 GD、HE、FK 是共点的,而且它们具有相同的长度!这是一个相当神奇的关系,在高中几何中却完全被忽视了。

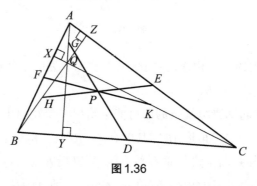

图 1.36

在三角形中可以找到无穷多种共点性。我们来讨论两个有同一内切圆的三角形。如图1.37所示,其中三角形 ABC 和 DEF 有一个公共的内切圆,其圆心为 I。

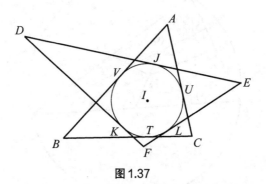

图 1.37

不过,还有一个附加条件。这两个三角形的位置应确保其相对顶点的连线 AF、BE、DC 共点于点 P,如图1.38所示。

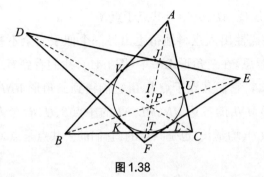

图1.38

神奇的是，当这一条件满足时，各相对切点的连线 TJ、UK、VL 也共点，如图1.39所示。另一个神奇之处是，这些追加的直线与前三条直线都相交于同一点，即 P 点。这真是太难以置信了！

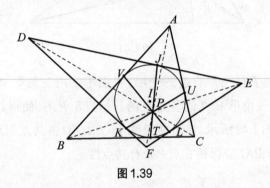

图1.39

有时候，线段的长度可以决定共点性。图1.40中所示的三角形 ABC 就是这样的一个例子，其中点 P 在 BC 边上，且 $AB+BP=AC+CP$。同样（虽然在图中没有清楚地表明），点 Q 在 AC 边上，且 $BC+CQ=AB+AQ$。此外，点 R 在 AB 边上，且 $BC+BR=AC+AR$。当所有这些条件都得到满足时，我们就

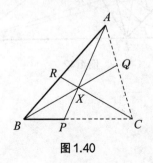

图1.40

会非常惊奇地发现，AP、BQ、CR共点于点X。

当一个共点性出人意料地衍生出另一个似乎完全不相关的共点性时，总是引人遐思。在三角形ABC中（图1.41），我们看到有三条随机画出的线AL、BM、CN，它们共点于点P。由它们得到三角形MNL。然后我们分别找到三角形MNL的各边MN、ML、NL的中点S、Q、R。令人相当惊讶的是，线AS、BR、CQ（均延长）也是共点的，它们的公共点是点X。

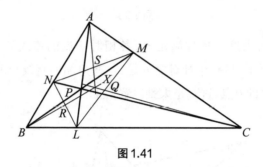

图1.41

前一个例子有一种有趣的变形。我们不使用三角形MNL的各边中点，而只选择三角形MNL的各边上的其他点S、R、Q，使得LS、MR、NQ共点于点T，如图1.42所示。这将使得线AS、BR、CQ也共点于点K。请记住，前提是三角形MNL应保持在点P处有共点性。

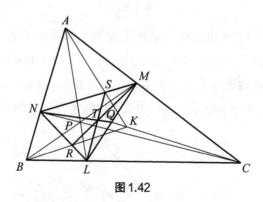

图1.42

圆和三角形

接下来的几何关系将令你对几何学叹为观止。一个圆与一个任意三角形相交于六个点,如图1.43所示。注意并不是在三角形中随意画一个相交的圆,而要使线段 *AD*、*BF*、*CE* 共点于点 *P*。(当你尝试作这个圆时,应该首先作三条共点的直线,然后作一个圆,使其过它们与三角形各边的三个交点。)

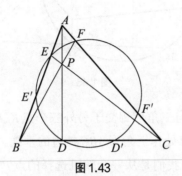

图 1.43

令人惊叹的是,如果把三角形 *ABC* 与圆的另外三个交点 *D'*、*E'*、*F'*,与 *A*、*B*、*C* 分别连接起来,那么你会发现 *AD'*、*BF'*、*CE'* 共点于点 *R*,如图1.44所示。

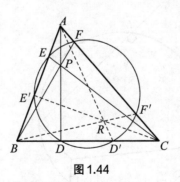

图 1.44

类似地,我们现在在三角形 *ABC* 中选择一个点 *P*,如图1.45所示,从点 *P* 向三角形的三边作垂线 *PD*、*PE*、*PF*。我们知道任意三个非共线点确定一个唯一的圆,因此我们作出由点 *D*、*E*、*F* 确定的那个圆。

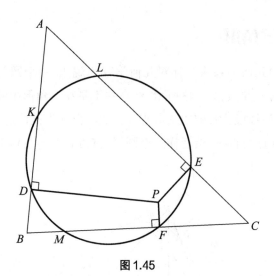

图 1.45

请注意,该圆还与三角形相交于另外三个点 K、L、M,如图 1.46 所示。然后我们在点 K、L、M 处作三角形 ABC 各边的垂线,你可以看出,这些垂线是共点的。请记住,我们是从一个随机选择的点 P 开始的,然后让三个垂足确定的那个圆又决定了另外三个似乎与前三个点无关的点。但是,你瞧,这三个新的点引出的三条垂线同样具有共点性。

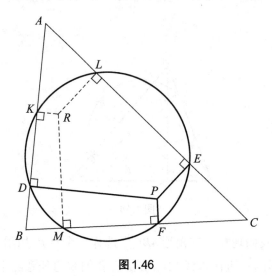

图 1.46

相切的圆

我们已经讨论过一个既不内切也不外接于三角形的圆。现在我们来讨论其他情况,考虑一个外接于一个三角形的圆,以及一个内切于同一个三角形的圆。这将得到一些意想不到的共点性。在图1.47中,圆心为O的圆内切于三角形ABC,与各边的切点为T、U、V。圆心为I的圆外接于三角形ABC,其各边的垂直平分线(它们确定了外接圆的圆心)与该圆相交于点K、L、J。

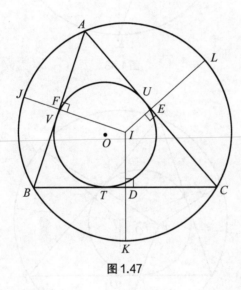

图1.47

将最后确定的点K、L、J与内切圆上的切点(T、U、V)相连,就得到了三条共点线,如图1.48所示。

你可能注意到,图1.49中的点P、O、I看起来是共线的,也就是说,这三个点都位于同一条直线上。事实上,我们可以证明确实如此。花点时间去欣赏这些共点性和共线性,虽然它们往往被忽视,却令人着迷。我们将在下一章讨论共线性。但由于点P、O、I显然在一条直线上,因此我们就提前提一下。

我们现在将内切圆的概念延伸到三角形以外,考虑与三角形外接圆相切并与三角形一边相切的那些圆。图1.50显示了这样的一种构形。最简

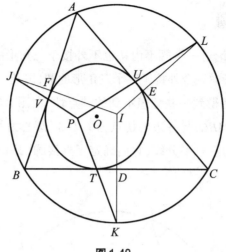

图 1.48

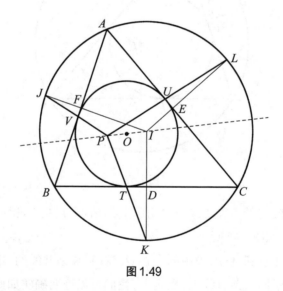

图 1.49

单的构造方法是作各边的垂直平分线（它们当然共点于外接圆的圆心），然后确定两个切点之间的中点。一旦你有了这些中点，你就有了这些圆的圆心以及它们各自的半径，从而可以作出这三个圆。

通过将各对相切圆的切点与三角形的相对顶点连接起来，可以获得神奇的共点性。如图 1.51 所示，其中直线 AK、BL、CJ 共点于点 P。请记住，

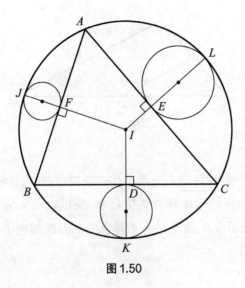

图 1.50

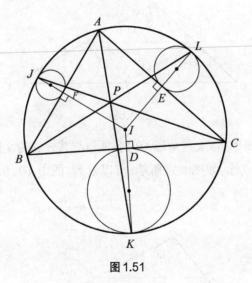

图 1.51

我们是从一个任意画出的三角形开始的,这就是这个结果如此精彩的原因。

在我们探讨下一个神奇的共点性之前,我们必须首先认识到,连接三角形三条边的中点(如图 1.52 所示),可以将三角形分成四个全等三角形。此外,如果你仔细看这个图,你还会发现其中有三个平行四边形:*AEDF*、

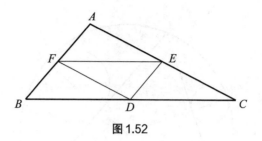

图1.52

$DFEC$、$BFED$。

如图1.53所示,在每个三角形中作一个内切圆,再将每个圆的圆心与中心的那个三角形的远端顶点连接起来,便可以确立另一个共点性,即QD、ER、FS相交于点P,这是另一个神奇的共点性的例子,它显示了几何之美。

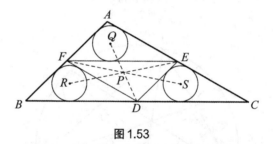

图1.53

在这个构形中,将大三角形ABC各顶点与其近邻的小圆圆心相连,也能确定一个共点性,如图1.54所示。可以看到,图中AQ、BR、CS相交于点P。

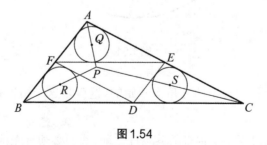

图1.54

我们可以再进一步,考虑AQ、BR、CS与三角形DEF的最近边的交点J、L、K,如图1.55所示。令人惊讶的是,连接三角形DEF各顶点与点J、K、L

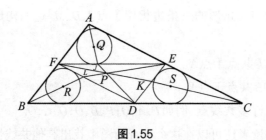

图 1.55

的三条直线相交于点 P。我们再次在这个构形中发现了共点性。志存高远的读者可以在其中寻找更多的共点性。

接下来，我们研究的范围既包括一个三角形的内部，也包括它的外部。圆心为 P、Q、O 的三个圆分别与三角形 ABC 的一边及其他两边的延长线相切。这样的圆称为旁切圆，而在三角形内与各边相切的圆称为内切圆。图 1.56 清楚地标明了这些圆与三边的切点。圆心为 P 的圆与三角形的三边相切于点 H、F、G。圆心为 Q 的圆与三角形的三条边相切于点 R、E、N。

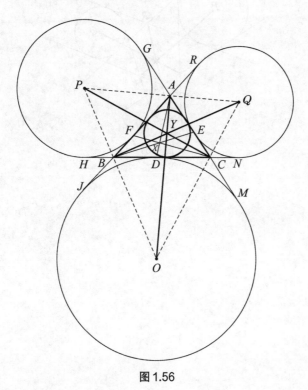

图 1.56

圆心为 O 的圆与三角形的三条边相切于点 J、D、M。这一构形产生了许多共点线:

AD、BE、CF 共点于点 X。

PC、AO、QB 共点于点 Y。

此外还有许多共线点,例如 P、A、Q;P、B、O;Q、C、O。

感兴趣的读者还可以在这个神奇的图中找出其他共线性或共点性。

接下来,我们考虑三个不同大小的圆,除了同时与两个圆相切的那些切线之外,它们之间没有其他联系,如图 1.57 所示。将这些公切线的三个交点 R、T、S 与其相对的圆心连接起来,我们再次发现了一个惊人的共点性。请注意,这些圆是随机放置的。这就使得这种共点性更加惊人!

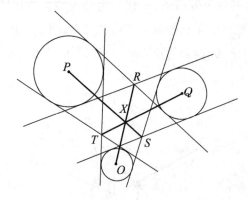

图 1.57

以任意三角形的三条边为底边向外构造特殊三角形

一个著名的关系——以任意三角形的三条边为底边向外构造三个等边三角形。拿破仑·波拿巴（Napoleon Bonaparte，1769—1821）也是一位数学爱好者，人们认为是他发现了这一关系。如图1.58所示，从原始三角形的每个顶点到其对边上的等边三角形的远端顶点的连线是共点的。请注意，三角形 ABC 可以是任何形状，这种关系永远成立。此外，这三条共点线段的长度相等：$AE = BD = CF$。

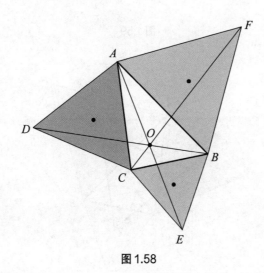

图1.58

此外，当连接这三个等边三角形的中心 P、Q、R 时，就形成了另一个等边三角形，如图1.59所示。这一构形通常被称为拿破仑三角形。

这个拿破仑三角形还有一些其他性质。三个等边三角形的外接圆共点于点 O，而点 O 就是最初的三条直线 AE、BD、CF 的公共点，如图1.60所示。

我们继续在这个神奇的几何构形中探索更多的美。点 O 被称为三角形 ABC 的等角点，因为 $\angle AOB = \angle BOC = \angle COA$，如图1.61所示。

在拿破仑三角形中，还有一个令人惊讶的等边三角形。我们以线段 AD 和 DC 为边，作一个平行四边形，这样就得到了平行四边形 $ADCK$。瞧！

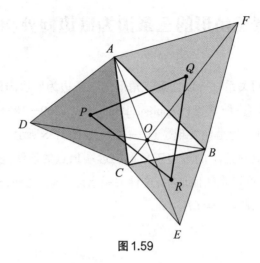

图 1.59

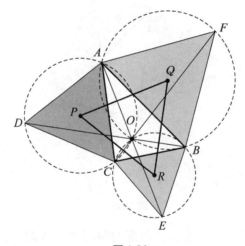

图 1.60

我们得到的三角形 AKF 又是一个等边三角形，如图 1.62 所示。

我们已经讨论过在一个三角形的每条边上作等边三角形和圆的情形。接下来我们用一种不同寻常的方式构造一个三角形，它可以贴合一个给定三角形的任意一条边。我们将采用一种称为镜射的方法来实现，如图 1.63 所示，我们作三角形 ABC 关于直线 AC 的镜像，得到三角形 ADC。可以从 B 点作垂直于 AC 的直线，垂足为点 G，然后在 BG 的延长线上取点 D，使得 $GD = BG$。三角形 ADC 便是三角形 ABC 关于直线 AC 的镜像。

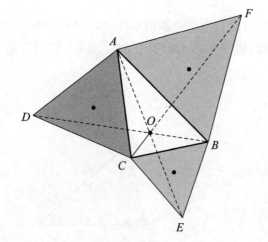

图 1.61

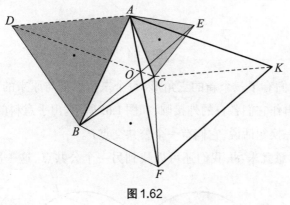

图 1.62

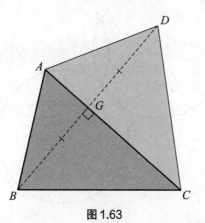

图 1.63

我们接下来再进行两次类似的操作：将三角形 ABC 关于 AB 边镜射，得到三角形 ABE；将三角形 ABC 关于 BC 边镜射，得到三角形 FBC，如图 1.64 所示。

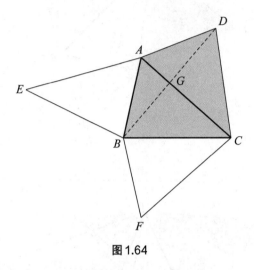

图 1.64

现在我们有了三个新的三角形，每个三角形都与原来的三角形 ABC 全等，我们再作它们各自的外接圆，如图 1.65 所示。出乎意料的是，这三个圆是共点的。换句话说，它们有一个公共交点 P。

如果你意犹未尽，我们还可以找到另一个公共点，这一次又是共点

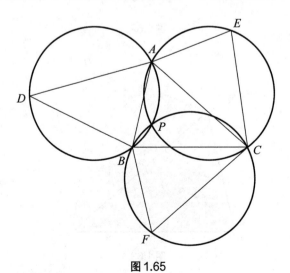

图 1.65

线。如图1.66所示，将每个圆的圆心与原始三角形*ABC*的远端顶点连接起来，三条共点线就出现了。我们观察到，直线*AS*、*BQ*、*CR*共点于点*O*。

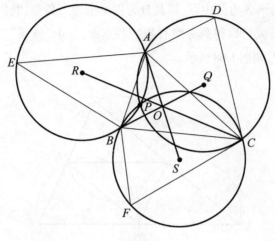

图1.66

让我们回到拿破仑三角形上来，且运用我们新掌握的技巧——用一个三角形的一条边镜射出另一个三角形。如图1.67所示，将等边三角形关于各条边作镜像。请注意，将这些镜射出的三角形（虚线）的中心点相连，就又得到一个等边三角形*P'R'Q'*。

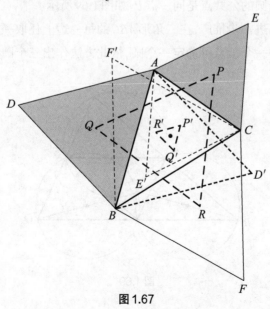

图1.67

共点圆

连接三角形各边的中点,将其分为四个全等三角形(我们在图1.52中已经遇到过),就可以得到一组有趣的共点圆。三个"外围"三角形的外接圆相交于点 P,如图1.68所示。

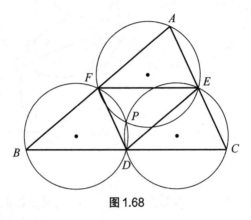

图 1.68

这三个共点圆的另一个奇妙之处在于,把大三角形的各个顶点与其外接圆的圆心相连时,这三条线也是共点的。令人惊奇的是,这三条线的公共点与三个圆的公共点是同一点 P。如图1.69所示。

将图1.69进一步推广,在三角形 ABC 的每一边上任取一点,由其中两点与三角形的一个顶点可确定一个圆,依此方法作出三个圆,如图1.70所

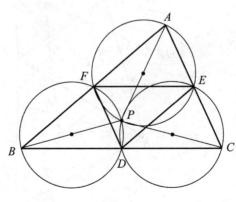

图 1.69

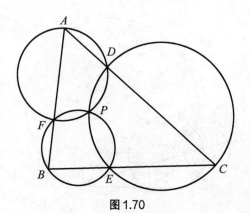

图1.70

示。请注意,这三个圆相交于一个公共点P。这一点被称为三角形的密克尔点,是以法国数学家密克尔(Auguste Miquel,1816—1851)的名字命名的,他首先发现了这一奇妙的关系。

关于密克尔点,还有一些有趣的特性。例如,把密克尔点与这些圆上的其他交点(在原始三角形的各边上)连接起来,这些线段与各边的夹角相等,即$\angle AFP = \angle CDP = \angle BEP$,如图1.71所示。回想一下,我们是从任意三角形开始的,因此这个例子具有通用性,这种关系特别值得关注。

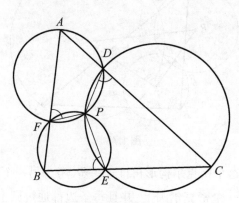

图1.71

请注意,对于某些三角形,例如钝角三角形,这三个圆的公共点P可能在三角形之外,如图1.72所示。那些锐角三角形的性质对于钝角三角形也成立。

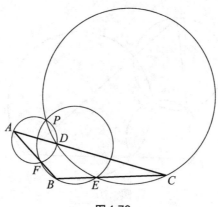

图 1.72

此外,如果把密克尔构形中三个圆的圆心连接起来,就会惊奇地发现此时得到了一个与原来的三角形相似的三角形。也就是说,在图1.73中,三角形 *ABC* 与三角形 *RSQ* 相似,因为它们的三个对应角是相等的,这在图中已标明。当然,这也适用于钝角三角形。

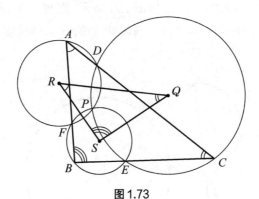

图 1.73

我们可以将这个密克尔构形再推进一步。考虑另一个任意三角形,它的每个顶点都在一个密克尔圆上,并且每条边都通过圆上的三个交点之一。这个三角形相似于原始三角形。如图1.74所示,作三角形 *ABC* 的一个密克尔构形,然后作三角形 *GHK*,使其三个顶点分别在三个圆上,三条边分别过交点 *E*、*D*、*F*。这样我们就得到了一个与三角形 *ABC* 相似的三角形 *GKH*。

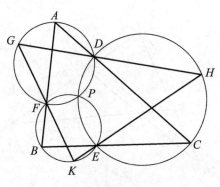

图 1.74

值得注意的是,如果将三角形各边上的三点 E、D、F 中的两点移到三角形两边的延长线上,密克尔定理同样成立。如图 1.75 所示,此时点 F 和 E 不在三角形 ABC 的边上,而是在其延长线上。我们按照作密克尔圆的方法作三个圆,请注意,它们也共点于点 P。当然,上述所有性质都将成立。此刻,你可能想知道密克尔定理是否还有更多应用。请继续往下看!

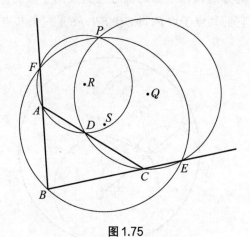

图 1.75

我们甚至可以将密克尔定理和共点圆应用于一个四边形。如果我们延长一个四边形的各边,直到相对的边相交(假设它们不平行),那么由此得到的构形称为完全四边形(complete quadrilateral)。与此同时,我们还得到四个三角形,我们在每个三角形上作密克尔圆。神奇的是,我们发现上述所有圆都共点于点 P。在图 1.76 中,请注意观察四个三角形 $\triangle ABC$、

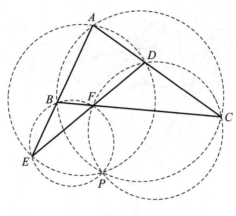

图 1.76

$\triangle ADE$、$\triangle BFE$、$\triangle CDF$，它们的四个外接圆相交于点 P。

不要以为如果没有三角形，三个圆就不能形成共点。如图 1.77 所示，我们有三个随机的圆，它们都内切于大圆，我们将这些圆的交点标为 D、E、G、F。当我们分别将各个圆的圆心与其余两个圆的远端交点连接起来时，就会发现它们共点于点 P，即 DQ、ER、FS 是三条共点线。

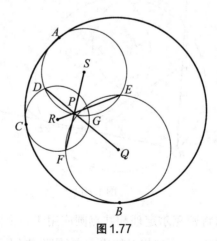

图 1.77

矩形的共点性

现在让我们暂时放下圆,集中讨论直线图形。在这里,一个相当简单的作图会衍生出一个十分意想不到的共点性。从任意矩形 *ABCD* 开始(如图1.78所示),画平行于 *AD* 的 *EJ*,交 *AB*、*DC* 于点 *E*、*J*。同样,再画平行于 *AB* 的 *FK*,交 *AD*、*BC* 于点 *F* 和 *K*。现在,最意想不到的结果出现了:作矩形 *ADJE* 的对角线,然后作矩形 *FDCK* 的对角线。当我们继续作矩形 *ERKB* 的对角线并延长时,可以发现这三条对角线共点于点 *P*。这个结论对于任何矩形都适用。如图1.78、1.79、1.80所示,这三个不同的矩形都得出同样的结论。

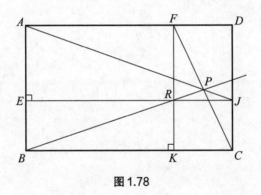

图1.78

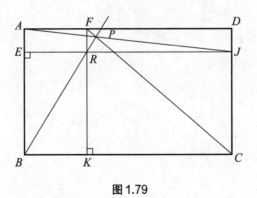

图1.79

图 1.80

三角形外接正方形

如果我们随机选取任意三角形(如图1.81所示的三角形ABC),并在其两条边(图中的AB边和BC边)的外侧作正方形,就会得到一个神奇的共点。我们从其中一个正方形的远端顶点向三角形ABC的最远边作一条垂线,即图中的DK,DK垂直于BC。然后我们对另一个正方形进行同样操作:作FL垂直于AB。这两条垂线相交于点P。出人意料的是,当我们从点B作AC边上的高时,我们发现此高与前两条垂线是共点的。

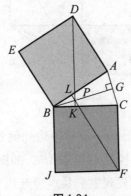

图1.81

我们作进一步扩展:在现有的两个正方形外侧分别添加一个与之全等的正方形,如图1.82所示。连接新正方形和三角形的两对远端顶点得到

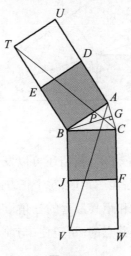

图1.82

的两条线 *TC*、*VA* 与从点 *B* 所作的三角形 *ABC* 的高 *BG* 是共点的。

假设三角形 *ABC* 是一个直角三角形，顶点 *B* 处为直角。我们将再次连接三角形和正方形的两对远端顶点，如图 1.83 中的线段 *DC* 和 *AF* 所示。令人惊讶的是，它们与从点 *B* 到斜边 *AC* 的高相交于点 *P*。我们再次得到了三条共点线——相当神奇！

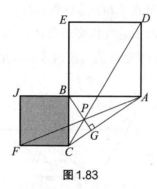

图 1.83

这一次，我们在三角形 *DEF* 的每条边外侧各作一个正方形，再延长这三个正方形的外侧边，构成三角形 *ABC*，如图 1.84 所示。当我们连接 *AD*、*BE*、*CF* 并延长时，我们发现它们共点于点 *P*。

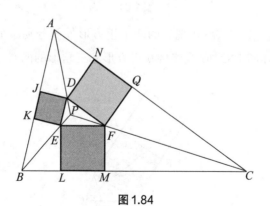

图 1.84

在三角形的外侧作正方形，我们还可以发现许多共点性。在图 1.85 中，三角形 *ABC* 是任意的锐角三角形，每个正方形的对角线交点就是其中心，把每个正方形的中心和距其最远的三角形顶点连接起来，我们发现 *AS*、*BQ*、*CR* 这三条直线是共点的。请记住，与前述那些例子一样，这个共

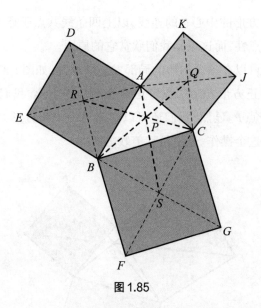

图 1.85

点性与三角形的形状无关。这就是我们想要展示的几何之美。

　　我们可以用一些颇具创意的方法来发现更多的共点性。图 1.86 展示了四条直线交于一点的一个特殊构形。其中 AF 和 CE 分别是三角形 ABC 的两个顶点 A、C 与其对边外侧的正方形远端顶点 F、E 的连线。DG 是上述两个正方形的两个远端顶点 D、G 的连线。BQ 是三角形的第三个顶点 B 与

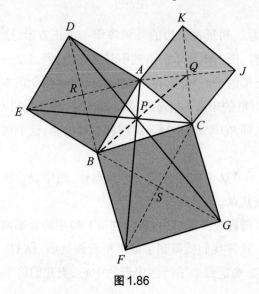

图 1.86

其对边外侧正方形的中心 Q 的连线，以上四条线共点于点 P。这是一个很难被发现的共点性，而这正是我们欣赏它的原因。

有时我们可以在一个构形的局部发现共点性。如图 1.87 所示，在这里我们可以忽略正方形 $BCGF$，仅考虑其余两个正方形。我们发现线段 EJ、BK、DC 共点于点 P。显然，我们还可以忽略另一个正方形，然后用其余两个正方形重复这个操作。这正是其美妙之所在。

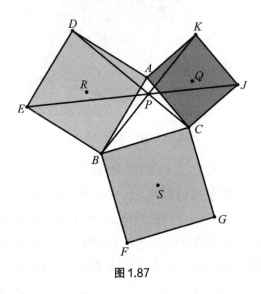

图 1.87

在一个任意三角形每条边的外侧各作一个正方形，这个构形中还藏着许多的共点性。图 1.88 显示的虽然不是共点性，但也是一种不寻常的情况。将两个正方形的中心相连，得到线 RQ，再将这两个正方形的公共顶点 A 与第三个正方形的中心 S 相连线，我们发现这两条线段不仅互相垂直，而且长度相等，即 $RQ \perp AS$，$RQ = AS$。同样奇妙的是，这个规律对任何三角形都适用。

图 1.89 展示了这个构形的又一个共点性。图中，EC 和 JB 与从顶点 A 到边 FG 的垂线共点。

现在，为了得到更多的结果，我们在图 1.89 中的相邻两个正方形之间作平行四边形。这样我们就得到了以下平行四边形：$AKXD$、$CJZG$、$BFWE$。通过作对角线来确定每个平行四边形的中心，当我们将平行四边形的中

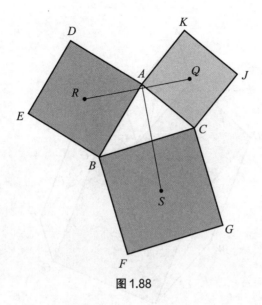

图 1.88

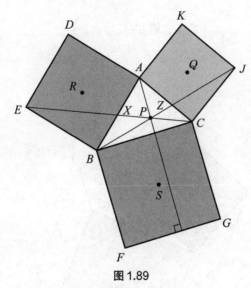

图 1.89

心与远端正方形中心相连时,我们再次惊讶地发现,所得到的 NQ、MS、RT 共点于点 P,如图 1.90 所示。

我们还可以从图 1.90 中再找到另一个共点性。这一次我们把每个正方形的中心与其对面的平行四边形的远端顶点相连,所得到的 XS、WQ、

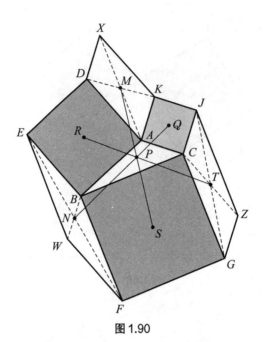

图 1.90

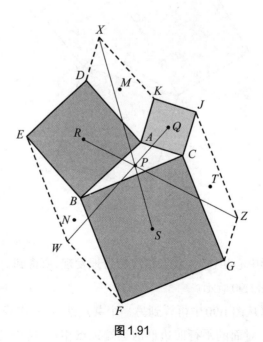

图 1.91

ZR 也共点于点 *P*，如图 1.91 所示。

在这个构形中还可以找到一个共点性（如图 1.92）。将这些正方形的远边 *ED*、*KJ*、*FG* 的中点 *U*、*V*、*Y* 分别与其对面平行四边形的远端顶点相连，则 *UZ*、*XY*、*VW* 也是共点的。

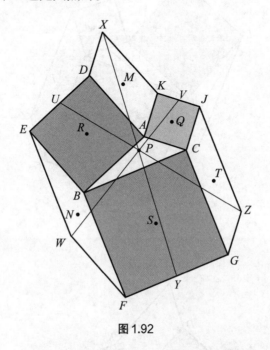

图 1.92

在这个构形中，我们还可以找出更多的共点性。这次我们把三角形的各边中点与其对面平行四边形的中心相连，如图 1.93 所示，则 *ML*、*TH*、*NI* 共点于点 *P*。

同样基于这个构形，我们从三角形 *ABC* 的每个顶点向以它为顶点的那个平行四边形的对角线作一条高，又能得到一组共点线。延长 *NB*、*TC*、*MA*，它们相交于点 *P*，如图 1.94 所示。

作平行四边形对角线的垂直平分线，我们就会得到更多的共点线，如图 1.95 所示，*HM*、*IT*、*LN* 三线共点，其中 *M*、*N*、*T* 是相应的对角线中点。

在此构形中，除了各种共点性之外，还存在一些相等关系。我们在这里只举一例：在图 1.96 中，我们注意到 *AW* = *AZ*。其余的留待诸位去发现。祝你好运！

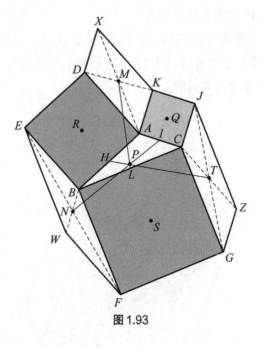

图 1.93

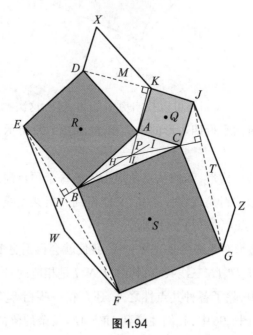

图 1.94

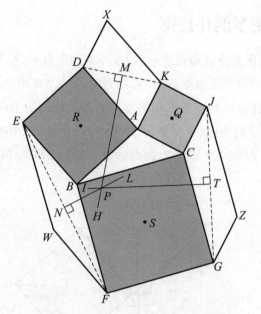

图 1.95

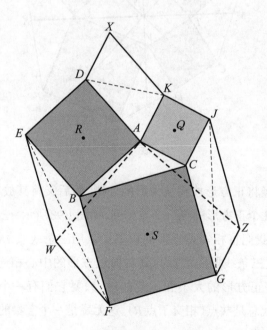

图 1.96

放置更多的正方形

我们现在探究在任意四边形 *TLUV* 外侧作正方形,如图 1.97 所示。首先,连接相对的两个正方形的中心,得到的 *YZ* 与 *XW* 相交于点 *P*。奇怪的是,当我们将连接这些正方形相邻顶点的四条线段的中点(点 *J* 是 *AH* 的中点,点 *K* 是 *GF* 的中点,点 *N* 是 *DE* 的中点,点 *M* 是 *BC* 的中点)相连时,我们发现 *MK* 与 *NJ* 也相交于点 *P*。因此,我们得到 *YZ*、*XW*、*JN*、*MK* 四条线共点于点 *P*。

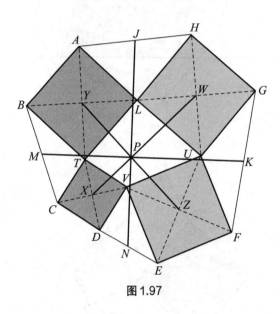

图 1.97

我们已经将正方形放在三角形的外侧,然后又将其放在四边形的外侧,现在,把几个正方形围绕一个点排列。如图 1.98 所示,三个正方形有一个公共点 *P*。我们将相邻正方形的相邻顶点用三条线段 *AK*、*GF*、*CD* 连接起来,再将这三条线段的中点与其对面正方形的中心相连。令人惊讶的是,无论这些正方形的大小和位置如何,只要它们有一个共同的顶点,*YM*、*XQ*、*NZ* 就总是共点(相交于点 *R*)。这无疑是一个宝贵的案例!

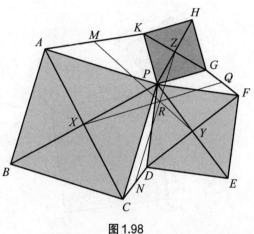

图 1.98

　　假如两个正方形有一个公共顶点,那么我们也能找到一些共点线。在图 1.99 中,两个大小不同、随机放置的正方形有一个公共顶点 A。当我们连接 BE、CF、DG 时,就会发现它们共点于点 P。与之前的诸多例子一样,无论这两个正方形如何放置都不会影响这一共点性。

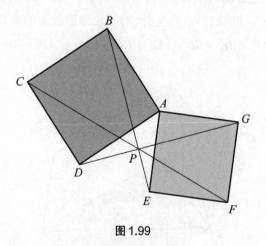

图 1.99

　　为了体现这两个正方形的位置不会影响共点性,我们作图 1.100。两个正方形的大小和位置都发生了变化,而共点性仍然保持不变。

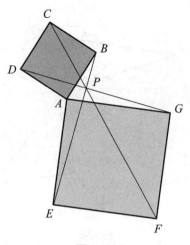

图 1.100

此外,还可以将多边形放在三角形的各边上。例如,图 1.101 中,P 为三角形 ABC 内的任意一个点,将点 P 与三个顶点相连,并构建平行四边形,如图所示。当我们将三角形 ABC 的每个顶点连接到以其对边为对角线的那个平行四边形的远端顶点时,可以发现 AF、BE、CD 共点于点 R。除了这个已经很令人惊叹的共点性之外,对于求知欲极强的读者,我们再多提供一点信息:$AF^2 + BE^2 + CD^2 = (AB^2 + BC^2 + AC^2) + (AP^2 + BP^2 + CP^2)$。

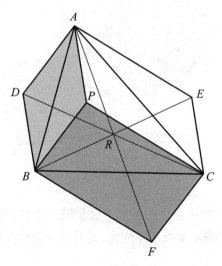

图 1.101

我们可以任意放置两个正五边形,只要确保它们有一个公共顶点,就可以发现一些惊人的共点性。在图1.102中,两个正五边形的公共顶点是X。当我们将它们的对应顶点相连时,得到的AE、BF、CG、DH共点于点P。点P的位置可能在任何地方,这取决于五边形的大小和位置。

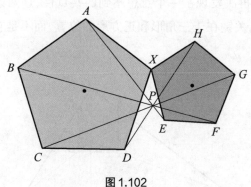

图1.102

用六边形来代替五边形,并重复这个方案,我们仍然能找到相应的共点性。在图1.103中,有两个六边形,它们有一个公共顶点N,除此之外它们是随意放置的,且大小不同。连接对应的顶点,可以发现AF、BG、CH、DJ、EK这五条直线共点于点P。

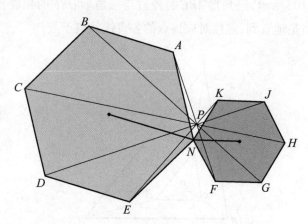

图1.103

回到三角形

我们来寻找更多的共点性,如图1.104所示,正方形DEFG位于三角形ABC的内部,且正方形的两条边平行于三角形的高AH。当我们作直线BFJ和CGK时,再次发现了一个意想不到的共点性,这两条线与高AH共点于点P。同样,关键在于三角形和正方形的位置,而不是它们的大小。多么美妙啊!

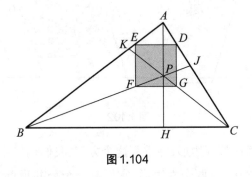

图 1.104

对于那些习惯于处理相似三角形的人来说,有一个案例相当特别。考虑两个非全等的相似三角形,小的位于大的里面,并且两者的对应边平行,如图1.105所示,三角形ABC的各边与三角形DEF的相应各边平行。我们可以清楚地看到,连接对应顶点的各直线共点于点P。

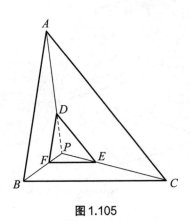

图 1.105

另一种嵌套三角形的方法是:从大三角形的每个顶点向距该顶点最

近的小三角形的边作垂线。你会再次发现这些垂线是共点的。

如图1.106所示,其中三角形DEF的每个顶点都位于三角形ABC的边上,从大三角形的顶点A、B、C分别向边DF、DE、EF作垂线,垂足分别为点H、G、J。这三条垂线AH、BG、CJ共点于点R。

如果这还不够令人印象深刻,我们可以更进一步展示此构形的另一个共点性。过点D、E、F作三角形ABC各边的垂线,这三条垂线将共点于点P(图1.106)。

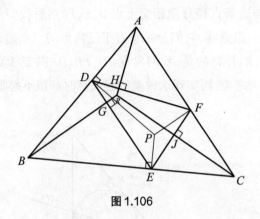

图1.106

我们的下一个例子将展示两个内接于同一个圆的三角形是如何通过它们的角平分线和高建立联系的。图1.107显示了三角形ABC及其外接圆

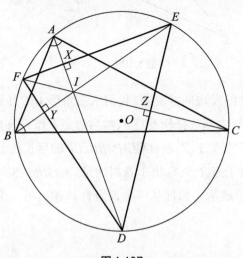

图1.107

O。我们作三角形 ABC 的各个内角的角平分线,与外接圆相交于点 D、E、F。结果表明,这些角平分线的交点 I 也是三角形 DEF 的垂心。换言之,点 I 也是三角形 DEF 的高 DX、EY、FZ 的交点。因此,我们可以说,这两个三角形通过角平分线和高而建立了联系。

下一个构形虽然有些复杂,但它再次以一种让人意想不到的方式显示出共点性。我们从三角形 ABC 及其内切圆 O 开始,如图 1.108 所示。首先,我们作圆 O 的任意一条直径,并从三角形 ABC 的每个顶点出发,作该直径的垂线,与这条直径分别相交于点 D、E、F。然后我们从 D、E、F 这三个点出发作另一组垂线,它们分别垂直于三角形的三条边 BC、AC、AB,垂足分别为 P、Q、R。神奇的是,我们发现 EQ、FR、DP 共点于点 X。这一构形再次展现了几何之美,而实现这种美的起点有时却很不起眼。

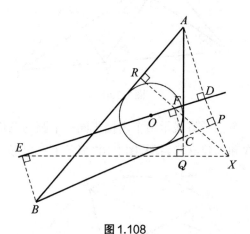

图 1.108

下一个共点性的发现同样复杂。我们从三角形 ABC 开始,如图 1.109 所示,首先在三角形内部选择任意点 P,然后过点 P 作一条直线 l,与三角形各边分别相交于点 X、Y、Z。现在使 AP、BP、CP 的延长线分别与三角形 ABC 的外接圆相交于点 R、S、T。出乎意料的是,直线 RX、SZ、TY 共点于点 Q。这个复杂的构形展示了如何从一个共点性构建出另一个看起来完全不相关的共点性。

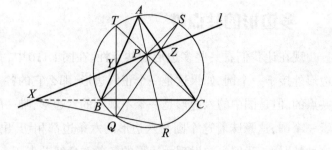

图 1.109

多边形的共点性

现在让我们看一些多边形的共点性。在图1.110中，我们看到一个六边形外接于一个圆。如果这是一个正六边形，那么它的各条对角线肯定是共点的。但是图中的六边形是一个不规则的六边形，唯一的条件是它外接于一个圆，这意味着这个圆与六边形的六条边都相切。出乎意料的是，在这种情况下，我们再次发现六边形的各条对角线共点于点P。

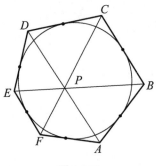

图1.110

1806年，21岁的法国学生布里昂雄（Charles Julian Brianchon，1783—1864）发现了这一不寻常的关系，他后来成为一名数学教授。此外，这一关系不仅适用于圆，也适用于椭圆。也就是说，如果一个六边形外接于一个椭圆，结果也一样：连接相对顶点的各条对角线是共点的，如图1.111所示。

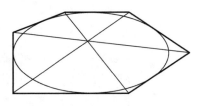

图1.111

既然我们还在讨论多边形，让我们来考虑一个外接于一个圆的不规则五边形，如图1.112所示。图中，两条对角线AD和BE相交于点P。而连接顶点C和其对边的切点F的直线与上述两条线共点于点P。这种情况和

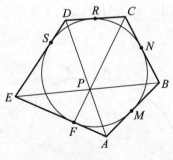

图 1.112

六边形的情况有一种非常微妙的关系。我们把它留给志存高远的读者去发现。

在多边形上可以找到更多的共点性。作为一种消遣，也作为对跃跃欲试的读者的一个挑战，我们首先考虑一个正十八边形（即各边相等、各角也相等的多边形），如图 1.113 所示。接下来的几个图形中出现了许多神奇的共点性供大家欣赏。我们在这里描述其中的一些例子，其他的留待读者去发现。先从图 1.113 开始，4 条线关于对角线 AK 对称，且与 AK 共点于点 P。

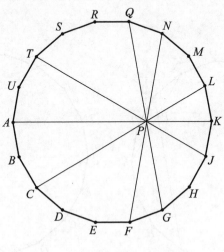

图 1.113

在图1.114所示的正十八边形中，也有4条对角线关于中心对角线AK对称，且与AK共点于点P。

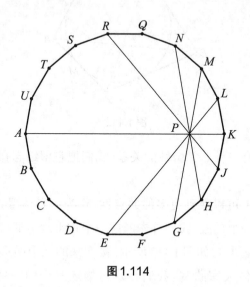

图1.114

图1.115到图1.118显示了在正十八边形中的另外几组共点线。

在开始探索这些共点性之前，我们再探讨一个例子。在图1.118中，有5条线，它们共点于点P。请注意，在这些例子中，线段之间存在某种对称性。

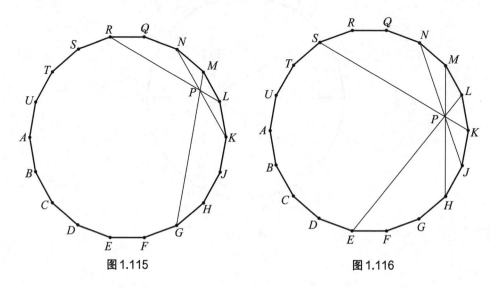

图1.115　　　　　　　　　　　　　　图1.116

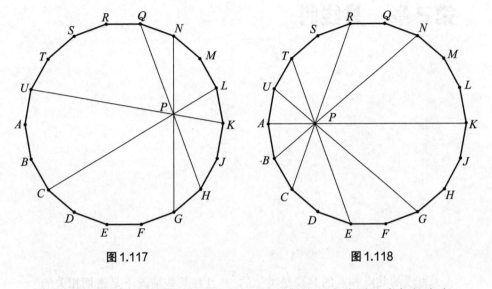

图 1.117　　　　　　　　　　　图 1.118

　　我们现在已经完成了直线共点性的探讨,接下来将讨论类似的内容:三个点或更多点共线,即位于同一条直线上的点。

第2章 共线性

直线的共点和点的共线是类似的,并且在某些情况下是密切相关的。其中有一个著名的关系是由法国数学家德萨格(Girard Desargues,1591—1661)所证明的,它将共点性与共线性关联起来。

德萨格定理及其他

我们首先作两个三角形,确保连接它们对应顶点的那些直线是共点的。根据德萨格定理,一旦满足这一条件,则三角形各组对应边的延长线将分别相交于三个共线点。在图2.1中,对应的顶点是A_1和A_2、B_1和B_2以及C_1和C_2。当我们用直线连接这些顶点时,我们注意到A_1A_2、B_1B_2、C_1C_2相交于点P。当我们延长对应的边时,C_1B_1与C_2B_2相交于点A',A_1B_1与A_2B_2相交于点C',A_1C_1与A_2C_2相交于点B'。我们发现A'、B'、C'这三个点是共线的。

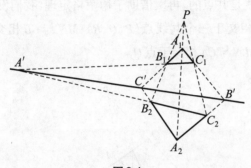

图2.1

我们看到了共线性和共点性之间是如何发生关联的。为了进一步强调这一点,我们可以反过来处理这个构形。令两个原始三角形的各组对应边的延长线分别相交于三个共线点,那么连接这两个三角形各对应顶点的直线就会共点。

有了德萨格为数学界贡献的这一令人惊叹的关系,我们便能够欣赏到更多意想不到的关系——如即将讨论的共点性和共线性。以图2.2为例,其中三角形ABC与内切圆的切点是M、N、L。当我们连接三角形ABC

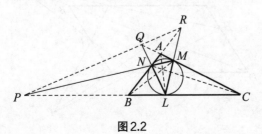

图2.2

和三角形 LMN 的对应顶点时,联想到热尔岗点(见第 15 页),我们就知道线段 AL、BM、CN 是共点的。由于从圆外一点到这个圆的两条切线段是相等的(即 AM = AN、BN = BL、CM = CL),我们就可以用塞瓦定理很容易地建立这一关系。根据德萨格定理,我们得出三角形 ABC 和 MNL 的对应各边的延长线相交于三个共线点 P、Q、R。如图 2.2 所示,其中 MN 与 CB 相交于点 P,LM 与 BA 相交于点 R,LN 与 CA 相交于点 Q。

我们可以将这种推理思路应用于类似的情况。如图 2.3 所示,由于我们已经确定一个三角形的三条高是共点的,连接三角形 ABC 和 LMN 的各对应顶点的直线是共点的。再次借助于德萨格定理,我们发现各组对应边的延长线分别相交于三个共线点(P、Q、R):MN 与 CB 相交于点 P,LM 与 BA 相交于点 R,LN 与 CA 相交于点 Q。

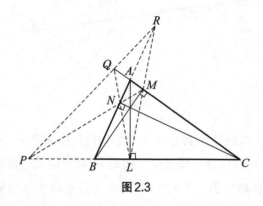

图 2.3

既然我们已经对德萨格定理有了一些体会,那么我们将利用它巧妙地推出更加意想不到的结论。如图 2.4 所示,我们在平行四边形 ABCD 各

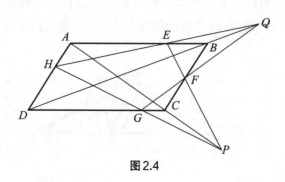

图 2.4

边上分别取点 E、F、G、H，使 GH、AC、EF 共点于点 P。神奇的是，连接的 HE、DB、GF 也共点于点 Q。

当我们运用德萨格定理时，就会发现这个令人惊讶的结论是多么容易证明，又多么容易理解。为此，考虑三角形 DHG 和三角形 BEF（图 2.5 中的阴影区域）。这两个三角形的各组对应边的延长线的交点 A、C、P 共线。根据德萨格定理可知，连接各组对应顶点的直线 HE、DB、GF 共点于点 Q。这便是德萨格定理的一个令人惊奇的应用！

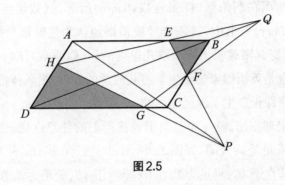

图 2.5

来自西姆森定理的意外惊喜

根据以上例子我们发现,直线的共点性与点的共线性(两个以上的点位于同一直线上)具有相似性。当讨论三角形的共线点时,西姆森定理就可以发挥作用了。

我们应该为这条定理的提出者正名,因为这涉及数学史上的一次严重的不公正。这条定理最初由英国数学家华莱士(William Wallace, 1768—1843)发现,然而在利伯恩(Thomas Leybourn)所著的《数学宝库》(*Mathematical Repository*)一书中,这条定理被错误地认为是苏格兰数学家西姆森发现的。西姆森则编辑出版了欧几里得的《几何原本》(*Elements*),此书长期以来一直是英语国家的学生学习几何学的教材,更具体地说,它对美国高中的几何课程产生了深远的影响。

西姆森定理指出,从一个三角形外接圆上的任意点到三角形各边所作的垂线的垂足是共线的。如图2.6所示,P是三角形ABC外接圆上的任意点。作PY垂直于AC,垂足为Y,作PZ垂直于AB,垂足为Z,作PX垂直于BC,垂足为X。根据西姆森定理,点X、Y、Z共线。连接垂足的这条直线通常被称为西姆森线。

当我们用三角形的外接圆与三角形一条高的延长线的交点来构造西

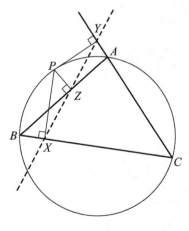

图2.6

姆森线时,出现了一个奇怪的现象。这条西姆森线平行于过这条高的顶点的切线。以图2.7为例,三角形 *ABC* 的高 *BD* 与外接圆相交于点 *P*,三角形 *ABC* 关于点 *P* 的西姆森线平行于与圆相切于点 *B* 的直线。

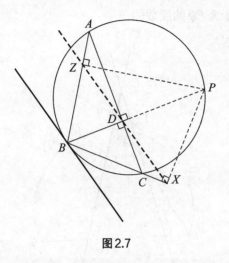

图2.7

西姆森线的另一个有趣的性质是,它平分连接垂心和西姆森线生成点的线段。如图2.8所示,其中点 *P* 是构造三角形 *ABC* 的西姆森线 *XZY* 的生成点。连接三角形垂心 *H* 与点 *P* 的线段 *PH*,在点 *M* 处被西姆森线平分,或者说 *PM* = *HM*。

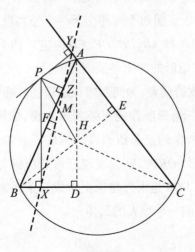

图2.8

另一个奇异之处是,如果由外接圆上两个不同的点对同一个三角形构造两条西姆森线,那么这两条西姆森线的夹角就等于上述两点在圆上所截的弧度数的一半。在图2.9中,西姆森线 *YZX* 与 *UVW* 相交构成的∠*MTN* 的度数等于弧 *PQ* 的度数的一半。

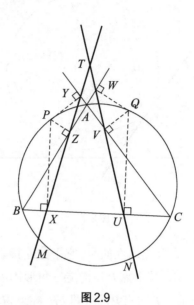

图2.9

目前为止,我们通常考虑三个圆交于一个公共点。不过,在西姆森定理的支持下,我们可以证明四个圆相交于一个公共点这一惊人关系,如图2.10所示。其中的四条线 *AB*、*BC*、*CE*、*ED* 构造了四个三角形 *ABC*、*FBD*、*EFA*、*EDC*。这四个三角形的四个外接圆都经过一个公共点 *P*。图中的虚线提示那些充满求知欲的读者,为何西姆森定理能够确保这四个圆共点。

考虑对同一个三角形所作的三条西姆森线,如图2.11所示。由点 *P*、*Q*、*R* 对三角形 *ABC* 所作的三条西姆森线构成了三角形 *NST*。当我们比较三角形 *NST* 和三角形 *PQR* 时,就会发现三角形 *PQR* 与三角形 *NST* 是相似三角形,其中三角形 *PQR* 是由外接圆上生成三条西姆森线的三个点构成的。这是西姆森定理的一个惊人的延伸。

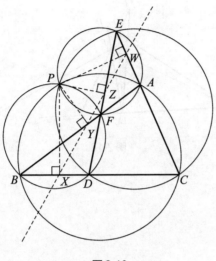

图2.10

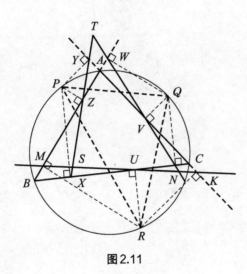

图2.11

在我们作出三角形 ABC 的三条高 AD、BE、CF 之后，另一个共线性出现了。如图2.12所示。连接各条高的垂足，得到 FE 与 BC 相交于点 P、CA 与 DF 相交于点 Q、BA 与 DE 相交于点 R，你将发现 P、Q、R 三点共线。

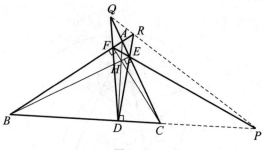

图 2.12

多边形也具有共线性

接下来的几个例子是关于多边形的共线性。这里的共线性有时不易被发现，但这些都是几何之美的一部分，多边形的例子将进一步支持这一点。我们从一个任意六边形开始，如图2.13所示。

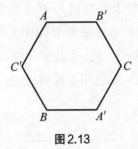

图2.13

假设图2.13中的顶点 A、B'、C、A'、B、C' 被交替地移至任意两条直线上（见图2.14）。然后作三组直线 $A'B$、AB'、BC'、$B'C$、AC'、$A'C$，它们原本在六边形中互为对边：

AB' 和 $A'B$，注意它们相交于点 C''；

BC' 和 $B'C$，注意它们相交于点 A''；

AC' 和 $A'C$，注意它们相交于点 B''。

我们发现这三个交点 A''、B''、C'' 是共线的。这一令人惊讶的结果最早出现在公元 300 年左右由亚历山大的帕普斯（Pappus）撰写的《数学汇编》

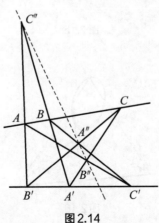

图2.14

（*Mathematical Collection*）中。

当一个六边形没有任何对边是平行的，但内接于一个圆时，这个六边形中就会出现一种奇特的关系。将三组对边延长直至分别相交，则三个交点共线。

如图2.15所示，其中的对边*AF*与*DC*相交于点*N*，对边*EF*与*BC*相交于点*M*，对边*ED*与*AB*相交于点*L*，则*N*、*M*、*L*共线。与之前的六边形关系一样，这一关系是由法国数学家帕斯卡（Blaise Pascal，1623—1662）发现的，他在16岁时公布了这一发现，从此便一举成名。与之前的例子相类似，这种关系不仅适用于圆，也适用于椭圆，如图2.16所示。

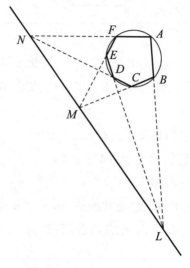

图2.15

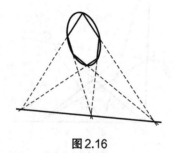

图2.16

我们现在来进行一个相当不寻常的变换。回想一下图2.15中的六边形的对边：*AF* 与 *CD* 相对，*BC* 与 *FE* 相对，*AB* 与 *ED* 相对。现在，我们将这些点随机放置在一个圆上，如图2.17所示，我们注意到：

AF 与 *CD* 相交于点 *N*，

BC 与 *FE* 相交于点 *M*，

AB 与 *ED* 相交于点 *L*。

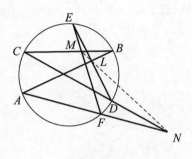

图2.17

像我们之前所做的那样观察这些对边，我们看到，如果它们都不平行，那么它们就能相交。再一次，我们惊讶（和敬畏）地看到了三点共线。我们在图2.17中构造了这种图形，其中的点 *N*、*L*、*M* 是共线的。

共线性有时以令人惊讶的、超乎寻常的方式出现。图2.18展示了一个这样的例子。在图中，我们看到三角形 *ABC*，它的各边中点用点 *M*、*N*、*L* 标记。现在我们在三角形 *ABC* 的内部选定一个随机点 *P*。我们从三角形的各

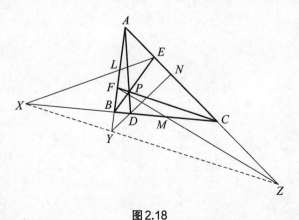

图2.18

顶点作通过点 P 的直线,与对边相交于点 D、E、F。到目前为止,我们还没有做任何异乎寻常的事情。不过,现在我们要做些事情来引出共线性,这些事情可能看起来有点刻意为之,但确实是顺其自然的!把每个中点 M、N、L 分别与先前的交点 F、D、E 相连。这样就得到了直线 FM、ND、EL,它们分别与边 AC、AB、CB 的延长线相交于点 X、Y、Z。正如图 2.18 所示,这三个点是共线的。这种结构的构造过程尽管很简单,却很不寻常,它引出了一个令人意想不到的共线性。

更多意想不到的共线性

我们现在开始用一个比较简单的例子来展示几何中的共线性。我们仍然从三角形 ABC 和它的外接圆 O 开始，在该三角形的每个顶点处作外接圆的切线。结果表明，这些切线与它们的对边分别相交于三个点 J、K、L，它们是共线的。但正如图 2.19 所示，在任何情况下，都需要延长三角形的各边才能与相应的切线相交。

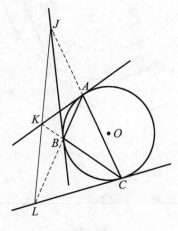

图 2.19

圆也有共线性，如下面这个例子所示。我们从圆 O 开始（图 2.20），从圆上一个随机选择的点 A 出发作弦 AB、AC、AD。接下来，分别以这三条弦为直径作三个新的圆。随后找出每对圆的交点：圆 P 与圆 Q 相交于点 X，圆 P 与圆 R 相交于点 Y，圆 Q 与圆 R 相交于点 Z。简单地察看一下就会发现，X、Y、Z 这三个交点是共线的。因此我们发现共线性并不局限于直线图形。你若不相信这是真的，不妨使用动态几何软件画画看。

特别有趣的是，非等腰三角形的三条外角平分线分别与该三角形的对边相交而成的三个交点是共线的。考虑图 2.21 所示的三角形 ABC，其中三条外角平分线分别是 AN、BL、CM。显而易见，这些外角平分线与三角形各边延长线的三个交点 L、M、N 是共线的。

我们可以将此再推进一步：同时考虑一个三角形两个角的内角平分

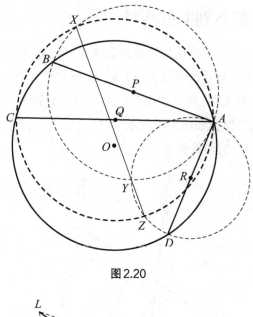

图2.20

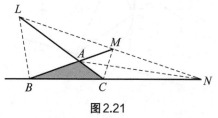

图2.21

线和外角平分线。先作出这四条角平分线,然后从该三角形的第三个顶点作它们的垂线。你瞧,我们又得到了四点共线。如图2.22所示,∠ABC 和 ∠ACB 的内角平分线分别是 BJ 和 CH,它们还有外角平分线 BU 和 CW。我们从三角形 ABC 的第三个顶点 A 开始,作这些角平分线的垂线,垂足分别为 N、L、K、M。如你所见,它们是共线的。就像前面展示的大部分例子一样,这一点对所有三角形(如果有四个不同的交点)都成立。

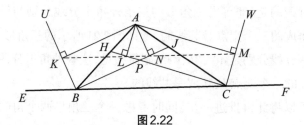

图2.22

第3章 圆和共圆点

我们遨游于几何的世界,欣赏了一些非同寻常、意想不到的关系,而到目前为止,我们主要关注的是共点线和共点圆。与共点线相类似,共点圆指的是有一个公共点的几个圆。我们现在来集中关注位于同一个圆上的一些点。任何三个非共线点总是位于唯一的圆上。因此,我们所讨论的共圆点其实是位于同一圆上的三个以上的点。

以一种相当不寻常的方式确定一个圆,可以再次显示出几何中的一些惊人关系。在图 3.1 中,矩形 $ABCD$ 的宽是其长的三分之一,其中 $AD = AM = MN = NB$。连接 MC,它与对角线 DB 相交于点 P。这个简单的几何排布就使 C、B、N、P 这四个点都在同一个圆上。这组共圆点很耐人寻味,它还将带领我们探索更多的共圆点。

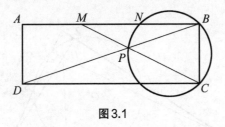

图3.1

有时,共圆点会在十分不寻常的情况下出现。考虑图 3.2 所示的正方形嵌套。这一构形从正方形 $ABCD$ 开始,随后作 EG 与 FH 相互垂直,其垂

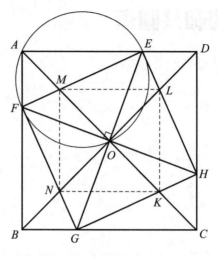

图3.2

足为正方形 ABCD 的对角线交点 O。我们发现，EFGH 也是一个正方形，并且这个正方形的各边与正方形 ABCD 的两条对角线相交于四点，将这四点相连，我们得到另一个正方形 MLKN。FO = EO 且∠FAC = ∠EAC = 45°这两个事实使我们能够得出结论：点 A、E、O、F 是共圆的。这是用以下逆定理得出的：相等的圆周角截取圆上相等的弧，而相等的弧又生成相等的弦。

当有更多点位于同一个圆上时，那就更值得注意了。瑞士数学家欧拉（Leonhard Euler）在 1765 年首次证明了六个点共圆。他发现三角形的各边中点和各条高的垂足必定在同一个圆上。如图 3.3 所示，其中三角形 ABC 的各边中点是 D、E、F，各条高的垂足是 X、Y、Z，它们都位于以 O 为圆心的

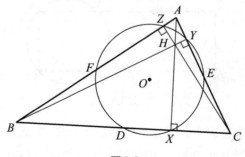

图3.3

同一个圆上。

1820年,法国数学家、拿破仑军队的技术专家布里昂雄和彭赛列(Jean-Victor Poncelet, 1788—1867)在上述圆上又发现了另外三个点。它们是连接垂心(高的交点)与三角形各顶点的三条线段的中点。图3.4中标注了这三个点K、L、M,其中$HK = BK$、$HL = LA$、$HM = CM$。这就是著名的九点圆,也常被称为费尔巴哈圆。这一构形是以费尔巴哈(Karl Wilhelm Feuerbach, 1800—1834)的名字命名的,他在1822年发表了一篇论文,论文提出了这一关系以及一些其他关系。

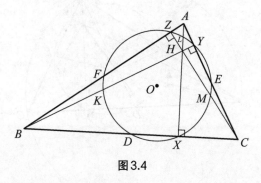

图3.4

这一构形中还有更多值得称道的地方。在图3.5中,我们连接三角形ABC的垂心和外接圆圆心得到HP。存在这样的关系:九点圆的圆心O是

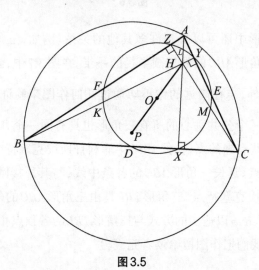

图3.5

HP的中点,其中P是三角形ABC的外接圆的圆心。

当我们作三角形ABC的三条中线时,就找到了重心G(三角形的重力中心),它恰好在线段HP上。此外,它还是HP的一个三等分点,即HG = 2PG,如图3.6所示。这条独特的直线存在于除了等边三角形以外的所有三角形中,因为在等边三角形中,所有的点都合而为一。这条直线被称为欧拉线,它包含四个重要的点:三角形外接圆的圆心、三角形的垂心、三角形的重心和九点圆的圆心。

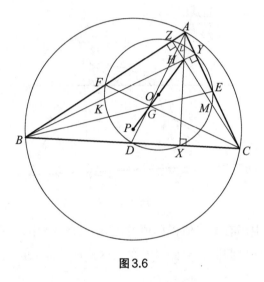

图3.6

在这个构形中还可以找到许多其他的关系。例如,三角形ABC的九点圆半径是三角形ABC的外接圆半径的一半。在图3.7中,我们可以看到 $MO = \frac{1}{2}BP$。此外,志存高远的你不妨通过几何作图来验证,内接于一个给定圆且具有一个公共垂心的所有三角形也具有同一个九点圆。欧拉线上还有其他一些有趣的点,比如1986年菲利普斯埃克塞特中学的学生发现的埃克塞特点。延长三角形ABC的各条中线,与其外接圆相交于点Q、R、S,就能找到埃克塞特点。三角形TRL是由三角形ABC的外接圆的切线构成的。将点Q、R、S以适当的方式与三角形TRL的各顶点相连,就能找到埃克塞特点。(我们把作图留给读者完成。)

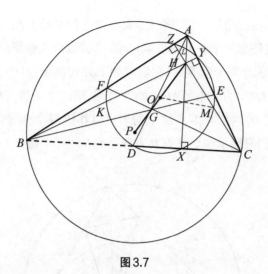

图3.7

几何图形有时难以理解。以图3.8为例，其中有三个用阴影表示的三角形，即三角形*AHC*、*AHB*、*BHC*。这三个三角形与大三角形*ABC*共同构成了一个垂心体系。这个体系的四个点*A*、*B*、*C*、*H*分别是由其他三个点构成的三角形的垂心。由此得出的令人惊讶的结论是，这四个三角形共享同一个九点圆。这可能不太容易看出。既然我们已经知道了原始三角形*ABC*的九点圆，那么让我们来确定其他三角形的九点圆。以三角形*BHC*为例，首先我们找出它的各边中点*K*、*M*、*D*，再找到三条高的垂足*X*、*Y*、*Z*。各顶点与垂心*A*的连线*AB*、*AH*、*AC*的中点分别是点*F*、*L*、*E*。所有这九个点都位于同一个九点圆上。连接三角形*ABC*的各条高的垂足*X*、*Y*、*Z*所构成的原

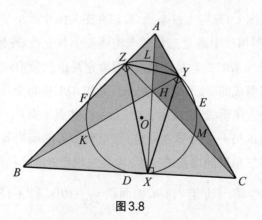

图3.8

三角形称为垂足三角形。我们将在垂足三角形的基础上继续前进。

我们知道任意三个非共线点确定唯一的圆。令人惊讶的是,在我们的九点圆上,关联着两个全等圆,它们以如下方式确定:其中一个圆是原始三角形(如图 3.9 中的三角形 ABC)的外接圆。第二个圆过三角形 ABC 的两个顶点和垂心 H。这意味着从这个构形可以作出四个全等圆。不过,为了清楚起见,我们只展示包含顶点 B、C 和垂心 H 的那个圆。

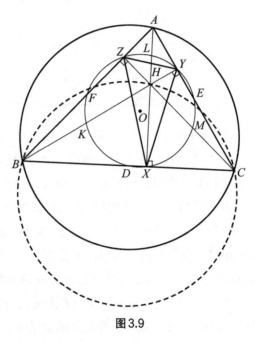

图 3.9

为了不使图 3.9 显得太过杂乱,我们在图 3.10 中画出了上述四个全等圆。我们可以利用那个垂足三角形来构建一个共点性。在图 3.11 中,三角形 XYZ 是三角形 ABC 的垂足三角形,因为它是由三角形 ABC 的三条高的三个垂足连接而成的。接下来,我们从三角形 ABC 的每个顶点向垂足三角形的最近那条边作垂线。请注意,这三条垂线共点于点 P。

这一构形的另一个奇异之处是,三角形 ABC 的面积等于其外接圆的半径乘以垂足三角形的周长的一半。你会发现点 P 也是外接圆的圆心。因此,BP 是一条半径,于是有 $\triangle ABC$ 的面积 $= \dfrac{1}{2} \cdot BP \cdot (XY + YZ + ZX)$。

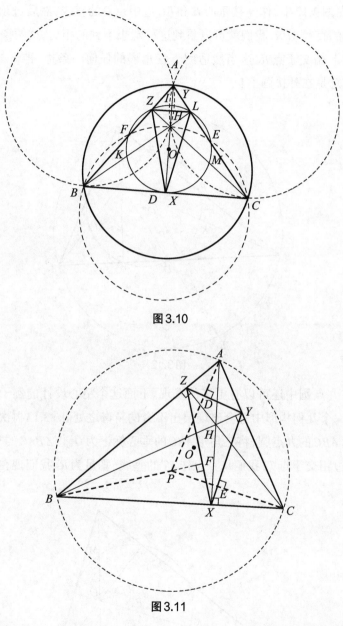

图 3.10

图 3.11

　　在这个始于九点圆的宝藏构形中,还可以发现其他一些有趣的关系。例如,对于任何三角形,作连接垂心与一边中点的直线,再从该边相对的顶点出发作外接圆的直径,则前一条直线必然会通过上述直径的另一个端点。在图3.12中,作连接垂心 H 和 BC 边中点 D 的直线,然后过顶点 A 作外接圆的直径 APR,我们就可以看到这种意想不到的相交。这两条直线在外接圆上相交于点 R。这当然适用于三角形的任何一条边。神奇的是,这个交点总是在外接圆上!

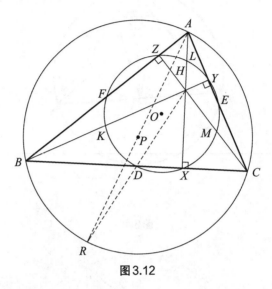

图3.12

在九点圆中还可以有更多的发现。下面这个精心设计的例子足以表明,在一个几何构形中总会出现层出不穷的新奇之处。图3.13再次显示了三角形 ABC 的九点圆,将三角形 ABC 的垂心标记为 O。作 $\angle BAC$ 的平分线,与 BC 边相交于点 T,我们从点 O 作 AT 的垂线,垂足为 R。我们现在注意到

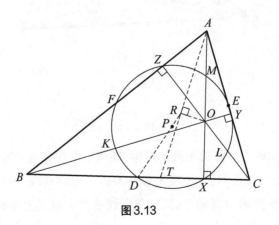

图3.13

的是一个意料之外的共线性,点 R、P、D 在同一条直线上。

我们用一个三角形的九点圆和其他圆共有的一种非常奇妙的关系来结束我们的讨论。考虑与三角形的三条边相切并位于三角形外部的三个圆,即与三角形的两条边的延长线及第三条边相切的那三个圆。它们被称为三角形的外切圆(或旁切圆)。我们在这里要考虑的第四个圆则是三角形的内切圆。这里的关系是这个三角形的九点圆与这四个圆都相切。如图3.14所示,其中圆 P、Q、R 是三角形 ABC 的旁切圆,圆 I 是其内切圆。请注意,图3.14中的粗线圆是九点圆,它与其他四个圆都相切。这个结论又被称为费尔巴哈定理。当然,一如既往,所有三角形都有这样的性质!

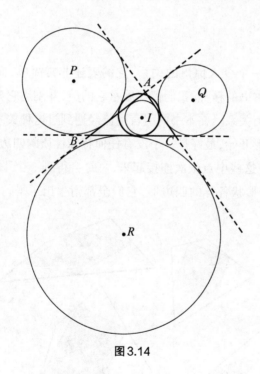

图3.14

第4章 四边形

四边形有一个令人惊讶的关系，它的表述非常简单，而且很容易证明。不过，本着本书的精神，我们仅仅展示它的美，并阐述它如何帮助我们更好地理解几何关系。（在本书的引言中已经遇到过这种关系了。）从任意的不规则四边形开始，最好是一个没有任何特殊性质的四边形，然后确定其各边中点。把这些中点依次连接起来，总是会得到一个平行四边形。图4.1展示了几个形状各异的四边形，它们全都衍生出了平行四边形。其中

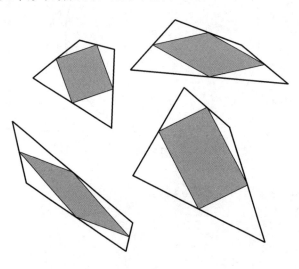

图4.1

有些可能是特殊的平行四边形,如正方形、矩形和菱形,而其他的只是一般的平行四边形。

在看到这个令人惊叹的现象之后,你可能会问,为了使衍生出的平行四边形为正方形、矩形或菱形,原始四边形必须满足哪些条件?

为了回答这个问题,并满足读者的好奇心,我们将一改通常的描述方式,破例解释这些平行四边形的形成原因。图4.2显示了一个四边形AB-DC,其中各边的中点记为E、G、H、F。我们首先看三角形ABC。回想一下,一条连接三角形两边中点的线段,其长度是第三条边的一半,并且平行于第三条边。因此,EF平行于BC。类似地,对于三角形BCD,我们有GH平行于BC,并且等于BC长度的一半。因此,EF和GH相等且平行,这样就确定了一个平行四边形。现在让我们更进一步。如果四边形ABDC的对角线相互垂直,那么平行四边形EFHG的邻边也相互垂直。则这个平行四边形就是一个矩形。

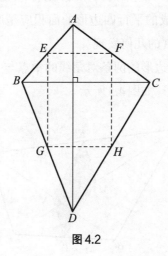

图4.2

如果如图4.3所示的那样,四边形的对角线相互垂直且长度相等,那么所得矩形的各边也具有相同的长度。此时将四边形各边中点相连,得到的图形就是一个正方形。

继续这一推理思路,假设如图4.4所示,对角线的长度相等,即AD=BC。那么连接各中点的每一条线段都是对角线长度的一半,因此它们必

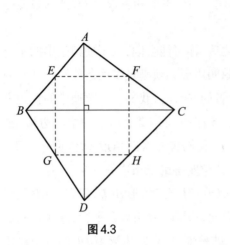

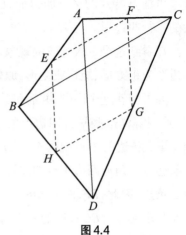

图 4.3　　　　　　　图 4.4

定具有相同的长度。这样形成的平行四边形就是一个菱形了。

另外请注意，由一个四边形各边的中点相继连接而成的每个平行四边形的周长总是等于原四边形的两条对角线长度之和。此外，由任意四边形各边的中点连接而成的平行四边形的面积应是原四边形面积的一半。这些都是真正值得欣赏的几何发现。

再进一步，连接四边形的两条对角线的中点与一对对边的中点，也可以构成一个平行四边形。如图 4.5 所示。

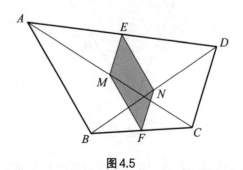

图 4.5

有时，以某种相当奇特的方式构造出的一个普通的几何图形也能展示隐藏的几何之美。我们的下一个例子将展示如何出人意料地构造一个矩形。如图 4.6 所示，四边形 $ABCD$ 内接于圆 O，我们作这个四边形各角的平分线，它们与外接圆相交于点 E、F、G、H。出人意料的是，构造的四边形

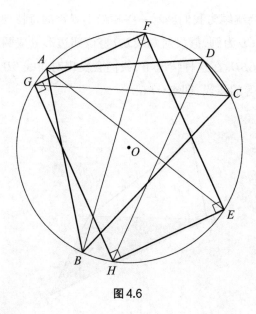

图 4.6

EFGH 是一个矩形。

任意一个四边形的一组相对角的角平分线的交点恰好在一条对角线上,这个巧合实在是令人惊奇。更出乎意料的是,另一组相对角的平分线也相交于一条对角线上的某一点。如图 4.7 所示,∠*B* 和 ∠*D* 的平分线相交于对角线 *AC* 上的点 *Q*。当我们作 ∠*A* 和 ∠*C* 的平分线时,发现它们相交于另一条对角线 *BD* 上的点 *P*。这是经常被忽视的几何一致性之美的又一个例子。

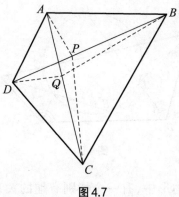

图 4.7

四边形还会继续为我们展示一些相当不寻常的奇特现象。以图4.8所示的四边形ABCD为例,假设对角线BD将该四边形分成两个面积相等的三角形ABD和CBD。在这种情况下,我们会发现对角线BD总是将对角线AC分成两条相等的线段,即AP=PC。

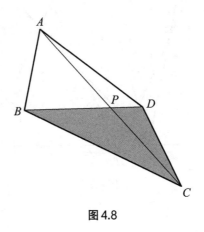

图4.8

仍然研究任意四边形。当我们作四边形的四个角的平分线时,会发现一个意想不到的关系。在图4.9中,我们分别作∠A、∠B、∠C、∠D的平分线AE、BG、CG、DE。你知道,任何三个非共线点总是确定一个唯一的圆,但四个点位于同一个圆上的情况就不是特别常见了。不过,在这一构形中,相邻角平分线的交点E、F、G、J都位于同一圆上,从而构成圆内接四边形EFGJ。这是相当值得注意的!

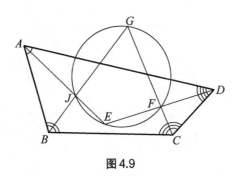

图4.9

在图4.9所示的构形中,有一个特别有趣的关系。如果原始四边形

$ABCD$ 是一个平行四边形,则生成的四边形 $EFGJ$ 就会是一个矩形,如图 4.10 所示。

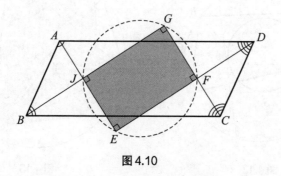

图 4.10

再进一步,如果原始四边形 $ABCD$ 是一个矩形,那么由这个矩形的四条角平分线构成的图形将是一个正方形。我们可以在图 4.11 中看到这一点,其中四边形 $EFGJ$ 是一个正方形。

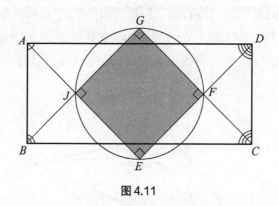

图 4.11

这可以推广到圆的任何内接四边形。假设我们作各角的平分线,并在外接圆上找到它们的交点。你瞧,一个矩形形成了,而且相邻角平分线的那些交点也是共圆的。我们在图 4.12 中展示了这一点,其中四边形 $ABCD$ 各角的平分线确定了圆内接四边形 $PQRS$。当这些角平分线与四边形 $ABCD$ 的外接圆相交时,这些交点构成矩形 $HEFG$。

我们可以更进一步。当圆内接四边形的两条对角线相互垂直时,由各角的平分线与外接圆的交点构成的那个四边形是一个正方形。如图 4.13

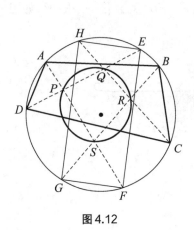

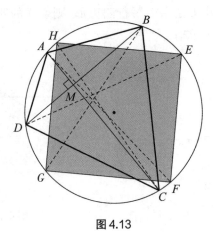

图 4.12   图 4.13

所示,四边形 *ABCD* 的对角线 *AC* 和 *BD* 相互垂直,各角的平分线与外接圆的交点构成了正方形 *HEFG*。

虽然我们已经讨论了任意四边形,但还有一种广义的形式叫作完全四边形,它是延长两组对边直至它们相交而形成的(假设对边不平行)。如图 4.14 所示,其中 *BCDEAF* 是一个完全四边形。一个完全四边形有三条对角线 *AD*、*CF*、*BE*。这些对角线引人注目的一点是,它们的中点 *M*、*N*、*K* 总是共线的,如图 4.14 所示。相当神奇!

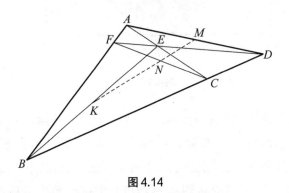

图 4.14

在特殊情况下,令原始的简单四边形 *FBCE* 内接于一个圆,如图 4.15 所示。此时,延长两对对边并找出它们的交点,我们将得到一个完全四边形。我们作对角 ∠*BAC* 和 ∠*BDF* 的平分线,它们与各边的交点确定了一个

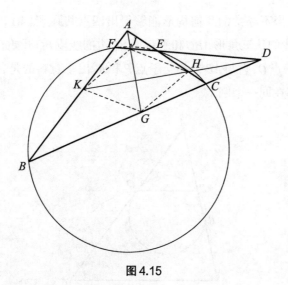

图 4.15

菱形 *GHJK*。结果真是出乎意料!

像图 4.16 所示的这样一个圆内接四边形 *ABCD* 有一个有趣的特征：
四个三角形 *ABC*、*CDA*、*BCD*、*BAD* 的各边的垂直平分线共点于此四边形
的外接圆圆心。换言之,圆内接四边形各边的垂直平分线和对角线的垂直
平分线都会相交于外接圆的圆心。

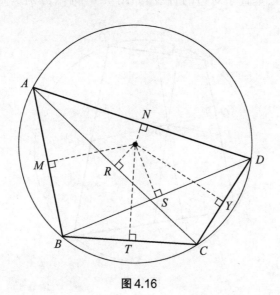

图 4.16

有些相当不寻常的几何构形能够得出四点共圆。图4.17显示了这样一种排布：我们从三角形ABC和平行于BC边的线段PQ开始，作一个圆与AC边相切于点Q，它与AB边相交于点P和R。出乎意料的是，我们发现点Q、R、B、C都在同一个圆上。

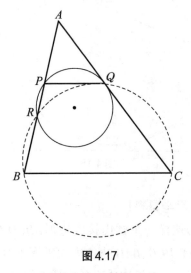

图4.17

现在让我们考虑一个任意的圆内接四边形，我们从四边形的每一边的中点作一条垂直于对边的直线。如图4.18那样，分别从四边形的AD、

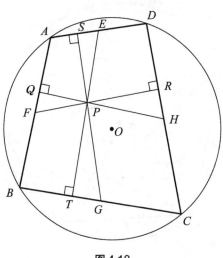

图4.18

AB、BC、CD边的中点E、F、G、H作对边的垂线。相当出乎意料的是,这四条直线都共点于点P。

图4.18中的点P有另一个重合性质。在图4.19中,我们同样有一个圆内接四边形和由此确定的点P,但这次我们作四边形$ABCD$的对角线,并确定这两条对角线的中点M和N。在三角形KMN中,点K是这两条对角线的交点,我们发现点P也是三角形KMN的垂心。

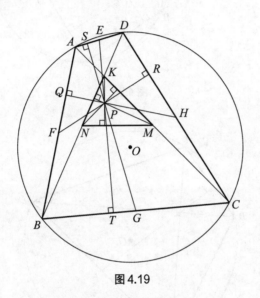

图4.19

从一个圆内接四边形的一边中点向对边所作的垂线的交点P再次发挥了意想不到的作用。在图4.20中,我们延长该圆内接四边形的一组对边(即图中的AD和BC),它们相交于点X。然后将该组对边(AD和BC)的中点相连得到EG。出人意料的是,当我们从点X向直线EG作垂线时,此垂线必然经过点P,因此也加入到这个共点性之中。

接下来让我们考虑一个特殊的圆内接四边形,它的对角线相互垂直,如图4.21所示,AC垂直于BD。这里的意外结果是,如果我们从该四边形的一边中点向对边作垂线,那么这条垂线与这个圆内接四边形的两条相互垂直的对角线共点。在图4.21中,从DC的中点F向AB作垂线EF,你会发现EF与两条对角线AC和BD共点于点P。

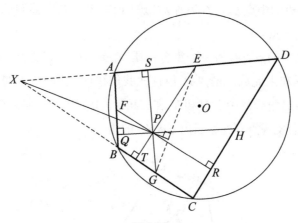

图 4.20

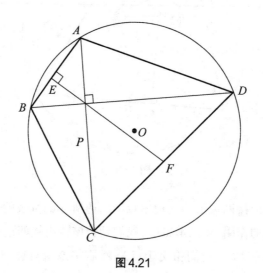

图 4.21

反过来,我们也可以说,如果一个圆内接四边形的对角线相互垂直,那么从对角线交点向四边形一边所作的垂线一定平分该边的对边。

当考虑对角线相互垂直的圆内接四边形时,还会衍生出另一个不寻常的关系。如果我们从圆心向四边形的一边作垂线,那么这条垂线段的长度是该四边形对边长度的一半。在图 4.22 中,ON 垂直于 CD,于是你会发现 $ON = \dfrac{1}{2}AB$。当然,你可以从圆心 O 向四边形的任何一边作垂线,这条垂

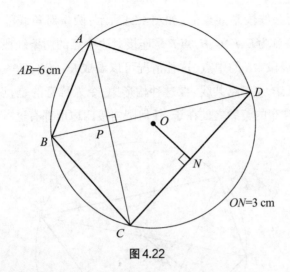

图4.22

线段的长度都会是对边的一半。想想看,这相当惊人!

上述圆内接四边形会将我们引向更多意想不到的关系。再次考虑如图4.23所示的圆内接四边形 $ABCD$。这一次,从点 A 作外接圆直径,它与圆相交于点 N。结果发现,$BN=CD$。

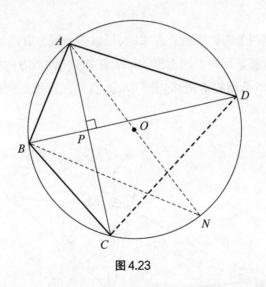

图4.23

线段的中点有时会给出意想不到的结果。例如,如果我们连接任意圆内接四边形的两条对角线的中点,就会发现这条线段与连接该四边形对边中点的两条线段是共点的。如图 4.24 所示：两条对角线的中点为 M 和 N，各边的中点为 E、F、G、H。点 P 是连接对边中点的两条线段 EG 和 FH 的交点，也是线段 MN 的中点。这种情况可以看成 EG、FH、MN 三线共点，也可以看成 M、N、N 三点共线。在这种构形中，令人称奇的是，点 P 是 MN 的中点。这种排布的美妙之处在于，任何圆内接四边形都有这一性质。

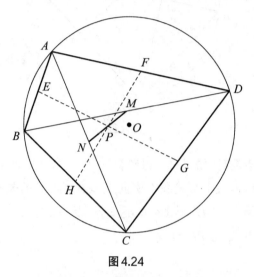

图 4.24

当我们把两个四边形组合起来时，可以得到很多有趣的关系。图 4.25 显示了一个内接于圆 O 的四边形 $ABCD$。在四边形 $ABCD$ 的每个顶点处作外接圆的切线，从而构造出四边形 $HKLJ$。我们在这里发现的第一件惊人

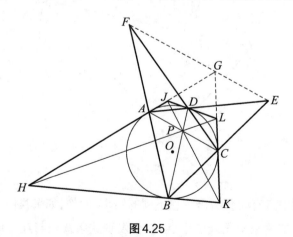

图 4.25

的事情是，这两个四边形的四条对角线都共点于点P。当我们观察完全四边形$BCEDFA$时，还会发现一个共线性：点F、G、E是共线的。志存高远的读者可以在这个相当丰富的几何构形中找到其他的共点性和共线性。

圆内接四边形的一个尤为著名的关系是亚历山大的托勒玫（Claudius Ptolemaeus of Alexandria）提出的一条定理。托勒玫在他的著作《天文学大成》（*Almagest*）中指出：一个圆内接四边形的两条对角线长度之积等于其各组对边长度的乘积之和。将此定理应用于图4.26就得到：

$$AC \cdot BD = AB \cdot DC + AD \cdot BC$$

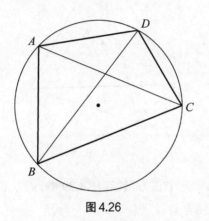

图4.26

这就推出了一些线段的长度之间存在不寻常的关系。例如图4.27所示的这种情况：一个圆通过一个平行四边形的一个顶点，并与其相邻两边相交。这里，圆O通过平行四边形$ABCD$的顶点A，并与其两边和对角线分别相交于点P、R和Q。在这种情况下，会有以下这一奇特的关系：

$$AQ \cdot AC = AP \cdot AB + AR \cdot AD$$

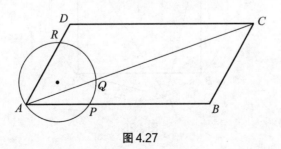

图4.27

将正多边形外接圆上的任意一点与该正多边形的各个顶点相连，借助托勒玫定理可得出这些线段的长度存在一些相当有趣的关系。下面以一些边数较少的正多边形为例进行说明。

　　首先，等边三角形 ABC 内接于一个圆，且圆上有一点 P，如图4.28所示。于是以下关系成立：$PA = PB + PC$。

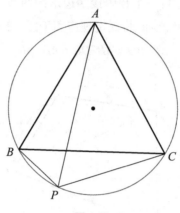

图4.28

　　接下来考虑的是一个正方形，在图4.29中，正方形 $ABCD$ 的外接圆上有一点 P。有以下关系：

$$\frac{PD}{PA} = \frac{PA + PC}{PB + PD}$$

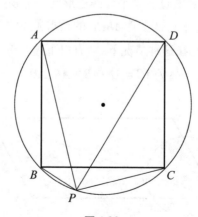

图4.29

接下来是一个正五边形 $ABCDE$，如图 4.30 所示，其外接圆上有一点 P。托勒玫定理在这里为我们提供了以下关系：

$$PA + PD = PB + PC + PE$$

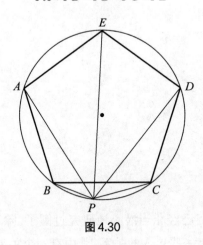

图 4.30

最后，我们有正六边形 $ABCDEF$，如图 4.31 所示，点 P 还是在外接圆上。有以下关系：

$$PE + PF = PA + PB + PC + PD$$

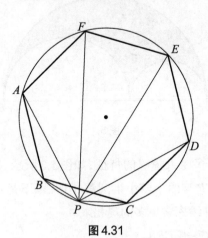

图 4.31

第5章 关于圆

　　至此为止，我们已经相当潜心地研究过圆了。除了我们已经讨论过的，圆与圆之间还有一些迷人的关系。其中有一个关系是基于鞋匠刀形，如图5.1所示。以三个半圆为边界的深色区域位于一条直线上，其中两个较小半圆的直径之和等于较大半圆的直径。

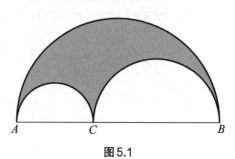

图5.1

　　这个构形有很多令人惊叹的特征，如图5.2所示。其中，GC是两个较小半圆的公切线，SR与两个较小半圆都相切。以下是一些耐人寻味的奇异之处，你还可以继续探索更多的奥秘。

　　弧AGB = 弧ASC + 弧CRB。

　　有两组共线点：A、S、G以及B、R、G。

　　线段SR和CG在点P彼此平分。

　　点G、R、C、S是共圆的，其圆心在点P。

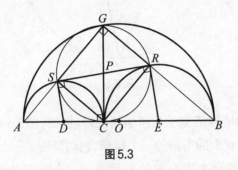

图 5.2

鞋匠刀形的面积等于圆心为 P 的圆的面积。

在这个鞋匠刀形构形中还可以发现其他奇异之处。例如,如果我们连接 RC 和 SC,就会意外地得出一个矩形 $RCSG$,如图 5.3 所示。

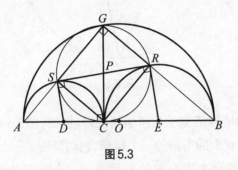

图 5.3

我们作一个与三个半圆都相切的圆,如图 5.4 所示,就可以进一步领略鞋匠刀形的奥妙。这样的构形还有很多,包括与图 5.4 中的各圆相切的其他圆。

在任何几何构形中,总是能找到越来越迷人的东西。让我们再次审视鞋匠刀形。这一次,我们作一个完整的大圆,并标记出鞋匠刀形的下方那

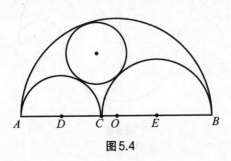

图 5.4

段半圆弧的中点 M。然后我们作一个奇形怪状的四边形 $SMRC$，如图 5.5 所示。可以证明这个奇形怪状的四边形的面积等于两个小半圆半径的平方和。我们可以用等式把这一关系表示为：四边形 $SMRC$ 的面积 $= r_1^2 + r_2^2$。

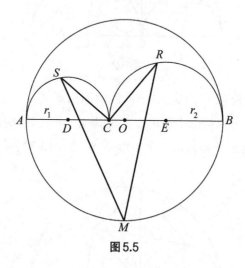

图 5.5

其他类似的结构拓宽了几何学的视野。例如，图 5.6 显示了两个相等的小半圆和两个较大的半圆的一个构形，它们合围了一个区域。这里特别吸引人的是，这四个半圆合围的面积等于一个大圆的面积（如图 5.7 所示），这个大圆的直径为两个较大半圆的半径之和 AB。

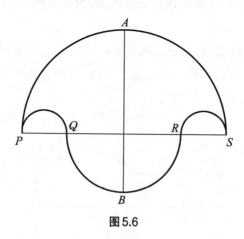

图 5.6

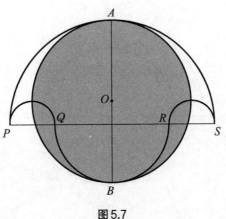

图 5.7

这种排布的几种变化形式可进一步提升趣味性和探索空间。观察图
5.8 所示的构形,其中两个较小半圆的直径之和等于最大半圆的直径。我
们从点 A 向较小半圆作一条切线,切点为 T。然后以 AT 为直径作圆 O。此
时圆 O 的面积必然等于两个较小半圆的面积之和!

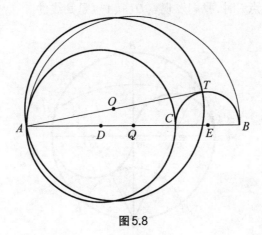

图 5.8

用半圆可以进行无数种的面积比较和计算。图 5.9 显示了另一个这样
的例子,其中用粗曲线(四个半圆)合围区域的面积等于用虚线表示的那
个完整圆的面积。我们可以说 ABFCDE 的面积等于圆心为 O 的那个圆的
面积。

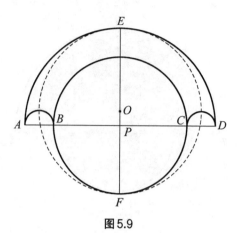

图 5.9

这些半圆构成的图形衍生出一些有趣的共线性。图 5.10 显示了分别以 M、C、D 为圆心的一个大半圆和两个相等的小半圆组成的构形。当我们以 A 为圆心作一条圆弧,并使其与以 C 为圆心的圆相切于点 E 时,我们发现点 E、C、A 是共线的。当以 A 为圆心作一条圆弧,并使其与以点 D 为圆心的半圆相切于点 F 时,我们发现点 D、F、A 也是共线的。

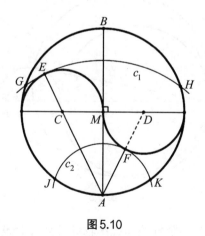

图 5.10

这里介绍的大多数几何图形总是具有一些附加的特征。例如,我们可以很容易地从图 5.10 构造出一个正五边形,如图 5.11 所示。这个正五边形的四个顶点 G、H、J、K 正是上述两条圆弧与大圆的交点。

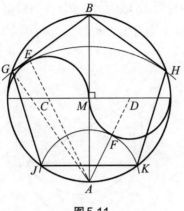

图 5.11

毕达哥拉斯定理①也许是几何学中令人记忆最深刻的定理之一。该定理指出，直角三角形两条直角边的平方和等于斜边的平方。将"边的平方"改为"边上的正方形面积"来重申这条定理，就成为它的一个几何诠释。更进一步，我们并不一定需要斜边和直角边上的正方形，其他类似的图形也可以。例如，直角三角形两条直角边上的半圆的面积之和等于斜边上的半圆的面积。因此，对于图 5.12，我们可以说这些半圆的面积有以下关系：P 的面积 = Q 的面积 + R 的面积。

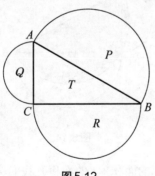

图 5.12

---

① 毕达哥拉斯定理（Pythagorean theorem），即我们所说的勾股定理。在西方，相传由古希腊的毕达哥拉斯首先证明。而在中国，相传于西周时期就由商高发现。
——译注

假如将半圆 P 翻转到 AB 轴的另一侧，我们将得到如图5.13所示的构形。现在让我们关注两个半月形 L_1 和 L_2。

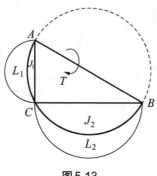

图5.13

翻转半圆后得到的图形如图5.14所示。在之前的图5.12中，我们已经得出了 P 的面积 $=Q$ 的面积 $+R$ 的面积。在图5.14中，同样的关系可以写成以下形式：

J_1 的面积 $+J_2$ 的面积 $+T$ 的面积 $=L_1$ 的面积 $+J_1$ 的面积 $+L_2$ 的面积 $+J_2$ 的面积

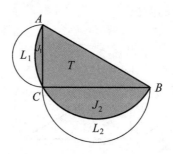

图5.14

如果我们从两边减去（J_1 的面积 $+J_2$ 的面积），我们会得到一个惊人的结果：

T 的面积 $=L_1$ 的面积 $+L_2$ 的面积

也就是说，我们有一个直线图形（图中的三角形）等于一些非直线图形（图中的两个半月形）之和。这是相当不寻常的，因为圆形图形的度量似乎总是包含 π，而直线（或直线型）图形则与 π 无关。

将上述场景延伸到一个正方形,可以得到类似的情况,如图5.15所示。这里的四个半月形的面积之和等于正方形的面积。写成等式形式:正方形$ABCD$的面积=L_1的面积+L_2的面积+L_3的面积+L_4的面积。

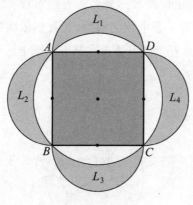

图5.15

到目前为止我们所陈述的大多数结果,都是在许多个世纪以前就为人们所知了。不过,下一个"奇迹"是伊夫林(John Evelyn)、库茨(G. B. Money-Coutts)和蒂洛尔(J. A. Tyrrell)在《七圆定理和其他新定理》(*The Seven Circles Theorem and Other New Theorems*)一书中首次发表的。这意味着初等几何中仍然存在着一些简单的未知结果,等待着那些勤奋的研究者去发现。图5.16中有一个大圆,大圆内还填充了另外六个圆。每个圆分

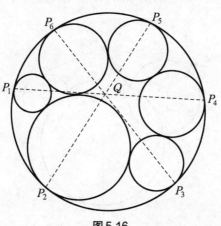

图5.16

别与大圆相切于点 P_1、P_2、P_3、P_4、P_5、P_6，其中任何两个相邻的圆也彼此外切。如果所有这些圆都成对相切，那么直线 P_1P_4、P_2P_5、P_3P_6 必然通过一个公共点 Q。这在通常的情况下都是成立的。

现在我们从七圆定理过渡到著名的五圆定理。图 5.17 显示了一个中心圆，其周围依次放置了五个相交的圆。当我们依次连接内部交点时，就构成了一个五角星，其五个顶点分布在这五个圆上。

图 5.17

志存高远的读者可能想研究其他的一些多圆定理，这些定理很容易找到。在这里，我们只是希望这些例子能激起读者进一步研究的欲望。

圆也能产生一些共点性，正如图 5.18 所示。这里有三个圆心不共线的

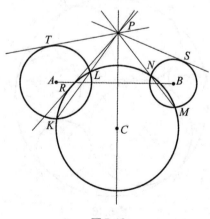

图 5.18

圆,它们彼此相交。我们连接每对交点,并对每个圆作切线,请注意它们是如何共点且等长的。换言之,当我们找到 KL 和 MN 的交点 P 时,就会发现从点 P 到每个圆的切线长度都相同,即 $PT = PR = PS$。(在图中,我们对每个圆都只作了一条切线,因为另外三条切线的长度显然相同。)

第6章 欣赏其他几何现象

　　我们下一段几何学之旅将涵盖多种多样的、难以归类的奇特思想。我们首先引入一些简单的结构,然后深入研究一些奇妙的、意想不到的几何关系。

　　我们首先展示如何用简便的方法作等腰三角形。先以三角形的腰长为半径作一个圆,然后作两条半径,其夹角等于三角形的顶角。图6.1展示了用这样一个简单的作图方法得到了等腰三角形ABC。

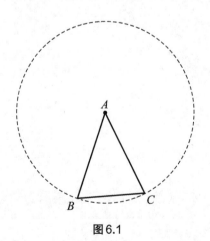

图6.1

　　其他一些相当不寻常的作图方法也能作出一个等腰三角形。如图6.2所示的等腰三角形ABC。我们可以在BC上选择任意点P并过点P作一条垂线,这条垂线将与另两边(或它们的延长线)相交于点D和E。出乎意料的是,三角形ADE总是一个等腰三角形,$AE=AD$。

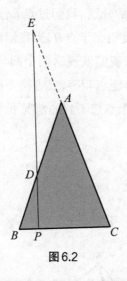

图6.2

有时,在一个三角形的外接圆上确定一些点的位置会有意外的发现。让我们考虑三角形ABC,它的高AX、BY、CZ确定了垂心P,如图6.3所示。然后我们选择BC边上的任意点D,作一个圆心为D、半径为DP的圆。延长高AX使其与圆D相交于点E,我们发现点E也在原三角形ABC的外接圆上。两个圆相交于一个并不依赖于它们的点,这是多么奇妙啊,这进一

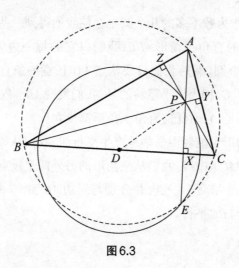

图6.3

步展示了几何之美。

　　说到导致意外结果的那些奇怪构形,让我们考虑图6.4所示的三角形 ABC,其中 AD 是∠BAC 的平分线。我们过点 B 作一条平行于角平分线 AD 的直线,它与 CA 的延长线相交于点 H。当我们作三角形 ABC 的外接圆和由点 C、D、H 确定的圆时,我们发现这两个圆与 AD 的延长线相交于点 N 和 E,这两个点恰好与点 A 距离相等,或者换一种说法:AN = AE。这又是一个例子,说明数学如何在最意想不到的情况下产生一个相等关系。

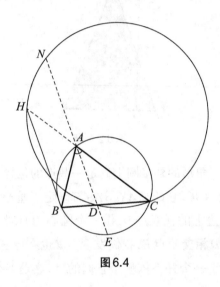

图6.4

　　有时,仅仅作为数不多的几个圆也会使我们得到一些相等的线段。考虑如图6.5所示的直角三角形 ABC,我们以它的每一边为直径各作一个圆,这样就有三个圆。然后我们只要从点 A 作任意一条直线,与三个圆分别相交于点 F、H、G。相当出乎意料的是,我们发现 AH = FG。这条性质如此引人注目的原因是,它对任何直角三角形都成立!

　　其他几何构形也能轻而易举地产生平行线。我们从如图6.6所示的三角形 ABC 开始,AM 是中线。我们从三角形的另外两个顶点各作一条直线,使它们与中线 AM 相交于一点,并分别与对边 AB 和 AC 相交于点 D 和 E。结果是直线 DE 与 BC 平行。

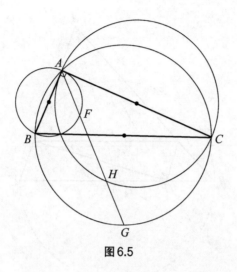

图 6.5

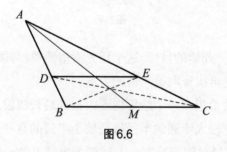

图 6.6

作一个直角通常是相当简单的。不过,有时我们可能想作出这样一条直线:它平行于一个三角形的底边,同时以底边上的任意给定点 P 为顶点构造出一个直角。这可能看起来有点刻意,但它确实再次证明了几何中隐藏的美。如图 6.7 所示,从三角形 ABC 开始,我们寻找一个精确的位置,在这一位置作与底边 BC 平行的直线,它与三角形其余两边相交于点 F 和 G,使 BC 边上的任意点 P 为顶点构成的 $\angle FPG$ 为直角。

我们首先标出 BC 边的中点 M,然后作一个圆心为 M、半径为 MC 的圆。接下来我们连接 AP 并延长,与圆相交于点 D,连接 DM。然后过点 P 作平行于 DM 的直线,它与 AM 相交于点 E。于是我们就可以作一条通过点 E 并平行于 BC 的直线,分别与三角形 ABC 的 AB 边和 AC 边相交于点 F 和 G。连接 FP 和 GP,就可以以 BC 上选定的点 P 为顶点构造一个直角 $\angle FPG$,而

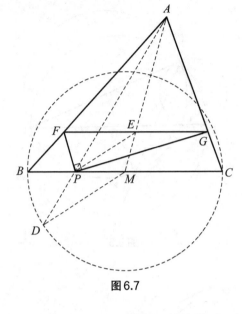

图6.7

这就完成了我们一开始的目标。这个任务看似简单,却需要一个相当复杂的作图过程,但它再次证明了几何的力量。

有时,我们会希望在一个给定构形内找到最长线段。例如在图6.8中,有两个半圆,其中较大半圆的半径就是较小半圆的直径。我们要找的是垂直于公共半径/直径且两端分别在上述两个半圆上的一条最长的线段。图中点 C 是直径 AB 的中点,点 D 是直径 BC 的中点。图中的点 G 是 CD 的三等分点,因此 $CG = 2DG$,你会发现过点 G 的 EF 就是两端在两个半圆上的那条最长的垂线段。

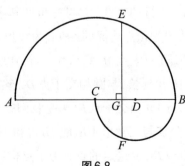

图6.8

我们现在通过一种相当奇特的方法来作一个菱形。初始是一个随机的四边形，但它的两条对角线等长，如图6.9所示。首先，我们在原始四边形的每一边上作一个以该边为直径的圆。接下来，我们只要各组相邻圆相交所得的四条公共弦 *ANL*、*BFL*、*DKJ*、*CEJ*，就构造出了菱形 *SJRL*（图6.10）。

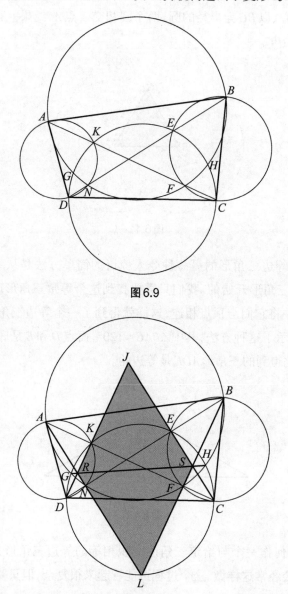

图6.9

图6.10

真是一个奇怪而意想不到的结果！

使用直尺和圆规(或动态几何程序,例如GeoGebra或几何画板)作一个等边三角形是一个相当简单的过程。我们只需选定要作的等边三角形的边长 BC,如图6.11所示,作一个以 B 为圆心、以 BC 为半径的圆,再作一个以 C 为圆心、以 BC 为半径的圆。两个圆相交于点 A,结果就得到了一个等边三角形 ABC。

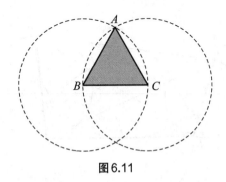

图6.11

作一个等边三角形的另一种令人惊讶的简单方法是从一个顶角为120°的等腰三角形开始的。我们只需要找到这个等腰三角形底边的两个三等分点,并将它们与顶点相连,这样就得到了一个等边三角形。我们在图6.12中展示了这种方法,其中 $\angle BAC = 120°$,而点 D 和 E 是底边 BC 的三等分点。由此得到的三角形 ADE 是等边的。

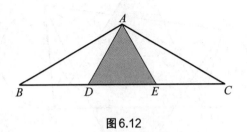

图6.12

了解如何作一个与给定三角形面积相等的等边三角形是很有意思的,尽管不会经常这样做。这个过程可能看起来很复杂,但只要跟着做,你就会明白其中的道理。

我们从如图6.13所示的三角形 ABC 开始，打算作一个面积与它相等的等边三角形。我们首先以 BC 为边作一个等边三角形（其作法是我们前面讨论过的），由此得到等边三角形 DBC。接下来，我们过点 A 作一条平行于 BC 的直线，它与 DB 相交于点 E。我们在点 E 作 DB 的垂线。在确定 DB 的中点并以 DB 为直径作一个半圆之后，我们将这个半圆与刚刚作的那条垂线的交点记为 F。作出圆心为 B、半径为 BF 的一段圆弧，它与 DB 相交于点 G。我们过点 G 作 DC 的一条平行线，就得到了所需的等边三角形 BGH，它与三角形 ABC 面积相等。虽然过程有点复杂，但我们的目标实现了！

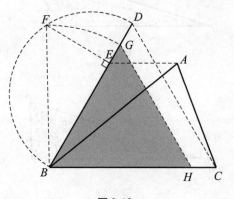

图6.13

1900年，美国数学家莫雷（Frank Morley, 1860—1937）发表了一个了不起的几何关系，它可以应用于任何形状的三角形。它简单地表述为：任何三角形的各个角的三等分线都可以确定一个等边三角形。图6.14、6.15、6.16、6.17展示了不同形状的三角形，在每种情况下，都有其各个角的三等分线。我们将相邻三等分线的交点记为点 D、E、F。在每种情况下，由这三个点构成的三角形总是一个等边三角形。这确实是一条了不起的

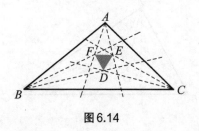

图6.14

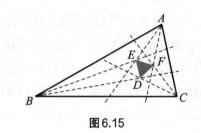

图 6.15

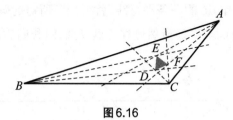

图 6.16

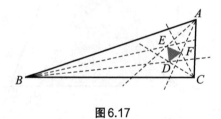

图 6.17

定理,它让我们想起了在第1章中关于共点性的那些发现。当探索这个奇妙的发现时,你会看到这一点。

　　把原来的三角形 *ABC* 的三个顶点与由三等分线构成的等边三角形 *DEF* 的对应顶点连起来,你会发现这些直线是共点的。因此在图6.18中,我们再次得到了一个共点性,从而展示了几何学的美和一致性。

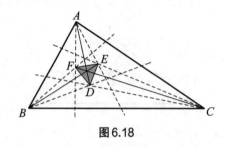

图 6.18

一个相当不寻常的排布会得到意想不到的相等关系。假设我们有两个三角形 ABC 和 PBC（图6.19），它们有一条公共底边 BC，且它们的第三个顶点的连线 AP 平行于 BC。我们现在作任何一条平行于 BC 的直线，并延长这两个三角形的各边，使它们与该平行线相交于点 D、E、F、G。无论这两个三角形的形状如何，也无论第三条平行线在三角形下方多远，总有 $DE=FG$。神奇，但的确如此！

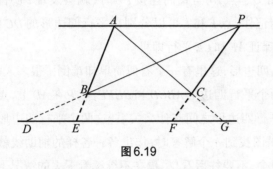

图6.19

　　如果我们考虑一个平行四边形，在它内部的任何地方选一点 P，那么就可以建立一个非常有趣的面积关系。在图6.20中，点 P 位于平行四边形 $ABCD$ 内部，我们连接点 P 与该平行四边形的四个顶点。结果表明，$\triangle APB$ 的面积 = $\triangle DPC$ 的面积 + $\triangle APC$ 的面积 + $\triangle BPD$ 的面积。这个关系如此特别的原因是，无论我们将点 P 选择在平行四边形内部的何处，这个点和平行四边形的两条对角线构成的三角形总会产生这个出乎意料的结果。

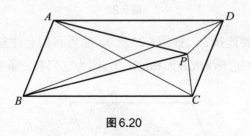

图6.20

　　平行四边形往往具有一些令人意想不到的特性。以图6.21所示的平行四边形 $ABCD$ 为例，在平行四边形内部选择任意两条平行线 AF 和 EC，点 F 和 E 分别在 DC 和 AB 上。我们从点 F 开始作一条平行于对角线 AC 的

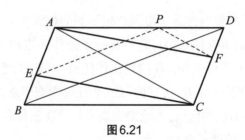

图6.21

直线,与 AD 相交于点 P。当我们连接 PE 时,就会发现 PE 平行于另一条对角线 BD。请记住,点 F 和 E 可以分别在平行四边形的 DC 和 AB 上的任何地方,只要保证 AF 和 CE 平行即可。

说到平行四边形,这里有一个看似简单却难倒了很多人的问题:如图 6.22 所示的两个平行四边形 ABCD 和 BEFP,点 P 在 AD 上,点 C 在 EF 上,那么这两个平行四边形之间有什么关系?这两个平行四边形有一个共同的顶点 B。在试图找到一个解答时,作出各种各样的辅助线就会容易失去得到答案的机会。不要往后看!尽量在不继续看下去的情况下回答这个问题。

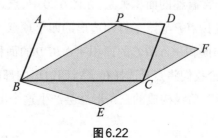

图6.22

我们只需要连接 PC,如图 6.23 所示,然后我们会注意到三角形 BPC 的面积是平行四边形 ABCD 面积的一半,因为它们有一条公共边 BC,并且

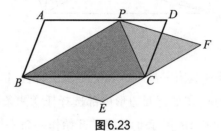

图6.23

从点 P 到底边 BC 的高也相同。类似地,三角形 BPC 的面积也是平行四边形 $BEFP$ 面积的一半,因为它与平行四边形 $BEFP$ 共用底边 BP,并且到 BP 的高也相同。因此,既然三角形 BPC 的面积是每个平行四边形面积的一半,那么这两个平行四边形的面积必然相等。

　　这里有进一步的证据表明,平行线可以在最意想不到的时候演变出来。在图6.24中,我们从三角形 ABC 开始,将其各边中点记为 D、E、F。我们在 EF 上选择一个任意点,并记为点 G。然后连接 AG 并延长,与 DE 相交于点 H。奇怪的是,最终 GC 和 BH 是平行的。

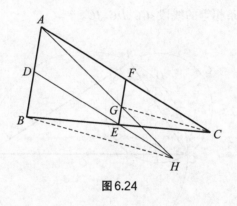

图6.24

　　接下来,我们在料想不到会出现两个相等角的情况下,构造出两个相等的角。在图6.25中,直角三角形 ABC 的顶点 A 处为直角,从点 A 作的高

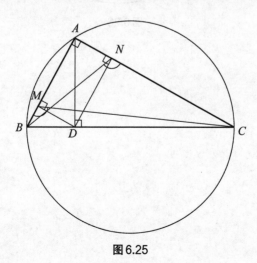

图6.25

与斜边 BC 相交于点 D。从点 D 开始向此三角形的另两边作垂线，垂足为点 M 和 N。连接 MC 和 NB，我们就构造出了相等的∠BMC 和∠BNC。令人惊讶的是，在任何直角三角形中只要遵循这个方法，就会出现两个相等的角。

有时，一个看似非常复杂的图形，最终会出人意料地产生一些长度相等的线段。如图 6.26 所示，直角三角形 ABC 内接于圆 O，D 是弧 AC 上的任意点。从点 D 向直径 CB 作一条垂线，垂足为 E，并与 AC 相交于点 F。最后，过点 F 作 AC 的垂线，并与以 AC 为直径所确定的圆相交于点 G 和 J。结果是得到了三条相等的线段：GC、DC、JC。

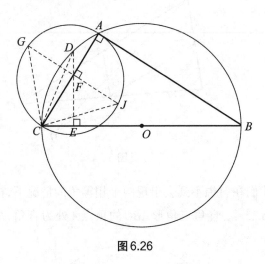

图 6.26

第7章　黄金矩形

几个世纪以来,艺术家和建筑师已经认定了一种理想矩形。这个矩形通常被称为黄金矩形,它也被证明是最赏心悦目的形状。黄金矩形的长(l)和宽(w)之比为 $\phi = \dfrac{l}{w} = \dfrac{w+l}{l}$。这就是所谓的黄金比例($golden\ ratio$),它的符号是字母"$\phi$"。

这个矩形的魅力已经得到了无数心理学实验的证实。例如,德国实验心理学家费希纳(Gustav Theodor Fechner)受德国哲学家蔡辛(Adolf Zeising)的著作《黄金分割》(*Der goldene Schnitt*)[1]启发,在《人体比例新理论》(*Neue Lehre von den Proportionen des menschlichen Körpers*)[2]中开始研究黄金矩形是否具有一种特殊的心理审美吸引力。他的发现于1876年发表在《实验美学》(*Zur experimentalen Ästhetik*)上。费希纳数千次测量了各种常见的矩形,如扑克牌、作业本、书籍、窗户和其他物体。他发现其中大多数的长宽比都接近 ϕ。他还测试了人们的偏好,发现大多数人都喜欢黄金矩形的形状。

费希纳在研究中询问了228位男士和119位女士,哪个矩形在审美上最令人愉悦。看看图7.1所示的这些矩形,在你看来,哪个最令人愉悦?

---

[1] 在他去世后于1884年出版。——原注
[2] 1854年出版。——原注

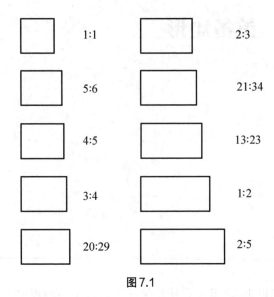

图7.1

我们可以很容易地剔除正方形1:1,因为一般人认为正方形不能代表矩形。毕竟,它是一个正方形!矩形2:5(另一个极端)看起来不舒服,因为它需要眼睛水平扫描。另一方面,矩形21:34在一瞥之下是赏心悦目的。费希纳的发现似乎证实了这一点。费希纳报告的结果如表7.1所示。

表7.1　费希纳的调查结果

矩形两边长比	最佳矩形的响应百分比	最差矩形的响应百分比
1 : 1 = 1.000 00	3.0	27.8
5 : 6 = 0.833 33	0.02	19.7
4 : 5 = 0.800 00	2.0	9.4
3 : 4 = 0.750 00	2.5	2.5
20 : 29 = 0.689 66	7.7	1.2
2 : 3 = 0.666 67	20.6	0.4
21 : 34 = 0.617 65	**35.0**	**0.0**

矩形两边长比	最佳矩形的响应百分比	最差矩形的响应百分比
13∶23 = 0.565 22	20.0	0.8
1∶2 = 0.500 00	7.5	2.5
2∶5 = 0.400 00	1.5	35.7
合计	100.00	100.00

费希纳的实验用不同的方法重复了许多次,他的结果得到了进一步的支持。例如,1917年,美国心理学家和教育家桑代克(Edward Lee Thorndike,1874—1949)进行了类似的实验,而且得到了类似的结果。一般而言,比例为21∶34的矩形是最受青睐的。这两个数是斐波那契数列1,1,2,3,5,8,13,21,34,55,89,144,…的一部分,这个数列中的相邻数之比接近黄金比例。因此,$\frac{21}{34} = 0.6\dot{1}7\,647\,058\,823\,529\,4\dot{1} \approx \frac{1}{\phi}$,于是它构建的就是黄金矩形,其中长 l 和宽 w 满足比例：$\frac{w}{l} = \frac{l}{w+l} = \frac{1}{\phi}$(见图7.2)。

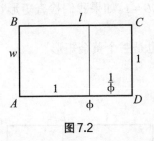

图 7.2

将这个比例对角相乘,我们得到 $w^2 + wl = l^2$ 或 $w^2 + wl - l^2 = 0$。如果我们设 $l = 1$,那么 $w^2 + w - 1 = 0$。利用二次方程求根公式,我们得到 $w = \frac{-1 \pm \sqrt{5}}{2}$。由于我们讨论的是长度,因此我们只用正值。于是 $w = \frac{-1 + \sqrt{5}}{2} = \frac{\sqrt{5}-1}{2} = \frac{1}{\phi}$,即 $\phi = \frac{\sqrt{5}+1}{2}$。

让我们看看如何使用传统的欧几里得工具(无刻度的直尺和圆规)

或者一个计算机程序(如几何画板或GeoGebra)来作黄金矩形。

作黄金矩形的一种比较简单的方法是从一个正方形开始,如图7.3所示的正方形ABEF中,M是AF的中点。以ME为半径、M为圆心作一个圆。这个圆与直线AF相交于点D。过点D所作的垂线与BE相交于点C。我们现在就得到了矩形ABCD——一个黄金矩形。

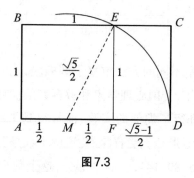

图7.3

让我们继续研究黄金矩形ABCD,其内部有一个正方形(如图7.4所示)。如果$AF = 1, AD = \phi$,则$FD = \phi - 1 = \dfrac{1}{\phi}$。我们可以确定矩形CDFE的长和宽分别为$FD = \dfrac{1}{\phi}$和$CD = 1$。如果我们检查矩形CDFE的长宽比,会得到

$$\frac{EF}{FD} = \frac{1}{\dfrac{1}{\phi}} = \phi$$

因此,它也是一个黄金矩形。

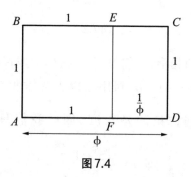

图7.4

我们继续这个操作,在新形成的黄金矩形中作一个内部正方形。在

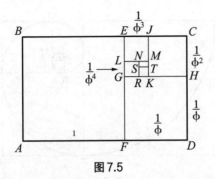

图7.5

黄金矩形 *CDFE* 中作正方形 *DFGH*,如图 7.5 所示。我们发现 $CH = 1 - \dfrac{1}{\phi} =$

$\dfrac{1}{\phi^2}$,因此矩形 *CHGE* 的长宽比为 $\dfrac{\dfrac{1}{\phi}}{\dfrac{1}{\phi^2}} = \phi$(分子和分母都乘以 ϕ^2)。因此,这

就确定了矩形 *CHGE* 也是一个黄金矩形。

继续这个过程,在黄金矩形 *CHGE* 中作正方形 *CHKJ*。由于

$\phi - \dfrac{1}{\phi} = 1$,因此 $\phi - 1 = \dfrac{1}{\phi}$,于是 $EJ = \dfrac{1}{\phi} - \dfrac{1}{\phi^2} = \dfrac{\phi - 1}{\phi^2} = \dfrac{\dfrac{1}{\phi}}{\phi^2} = \dfrac{1}{\phi^3}$。我们现

在来检验矩形 *EJKG* 的长宽比。这一次,长宽比是 $\dfrac{\dfrac{1}{\phi^2}}{\dfrac{1}{\phi^3}} = \phi$。我们再次得到

了一个新的黄金矩形,即矩形 *EJKG*。将这个过程继续下去,我们就会得到
黄金矩形 *GKML*、*NMKR*、*MNST*,等等。假设我们现在作以下几个四分之一圆:

以 *E* 为圆心,*EB* 为半径

以 *G* 为圆心,*GF* 为半径

以 *K* 为圆心,*KH* 为半径

以 *M* 为圆心,*MJ* 为半径

以 *N* 为圆心,*NL* 为半径

以 *S* 为圆心,*SR* 为半径

……

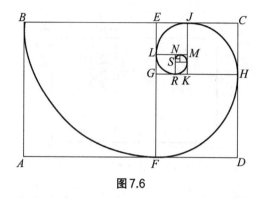

图7.6

所得的结果如图7.6所示，最后的曲线近似一条对数螺线。这个看起来很复杂的图形就各正方形而言具有对称性。假设我们找到每一个正方形的中心，然后作通过这些中心点的弧，就会看到这些正方形的中心恰好位于另一条形状相似的对数螺线上。这一构形如图7.7所示。

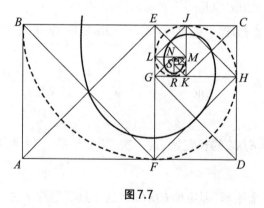

图7.7

图7.6中的螺线似乎向矩形 *ABCD* 中的某一点处逼近。该点是 *AC* 和 *ED* 的交点 *P*，如图7.8所示。再次考虑黄金矩形 *ABCD*，之前我们已经明确，正方形 *ABEF* 分隔出另一个黄金矩形 *CEFD*。在图7.8中，我们看到矩形 *ABCD* 和 *CEFD* 是互反的矩形。此外，我们看到互反的矩形的对应对角线是相互垂直的。

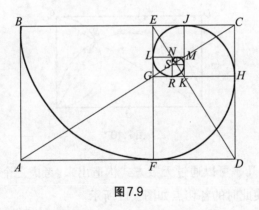

图 7.8

与以前一样，我们可以确定矩形 *CEFD* 和 *CEGH* 是互反的矩形。它们的对角线 *ED* 和 *CG* 垂直相交于点 *P*。这一点可以推广到图 7.9 所示的每对相邻的黄金矩形。显然点 *P* 应该是螺线的极限点。

图 7.9

我们可以利用对角线之间的这种关系来构造相邻的黄金矩形。我们可以简单地在黄金矩形 *ABCD* 中从点 *D* 向 *AC* 作一条垂线，并从它与 *BC* 的交点 *E* 向 *AD* 作一条垂线，从而产生第二个黄金矩形。这个过程可以无限重复。

黄金矩形的对角线

我们已经用黄金矩形做了相当多的事情，然而你能做的事情似乎是无止境的。例如，黄金矩形——它的长和宽成黄金比例——为我们提供了一种简洁的方法，在对角线上找到将其切割成黄金比例的点。正是这个特殊矩形的一些独特性质，才使我们能够如此轻易地做到这一点。

考虑黄金矩形 $ABCD$，$AB = a$、$BC = b$，因此 $\dfrac{a}{b} = \phi$。如图 7.10 所示，在 AB 边和 BC 边上作两个半圆，它们相交于点 S。如果连接 SA、SB、SC，就会发现 $\angle ASB$ 和 $\angle BSC$ 是直角（因为它们各自内接于一个半圆）。因此，AC 是一条直线，即对角线。我们现在得到了点 S 将对角线分割成黄金比例这一意想不到的结果。

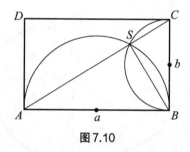

图 7.10

黄金比例几乎可以通过无数方式构造出来。考虑三个全等的圆内接于一个半圆，使此时的各切点如图 7.11 所示。

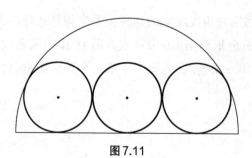

图 7.11

我们来求大半圆的半径与小半圆的半径之比。在图7.12中，$AB=2R$、$AM=R$。每个全等小圆的半径都是r。考虑直角三角形CEM，其直角边长分别为r和$2r$，斜边长为$\sqrt{5}\,r$。我们现在有$ME=\sqrt{5}\,r$和$KE=r$，因此$MK=(\sqrt{5}+1)r=R$。换种方式来表示，$\dfrac{R}{r}=\sqrt{5}+1=2\phi$。这个大圆与三个全等圆虽然看似不相关，我们却发现它们的半径之比与黄金比例有关。

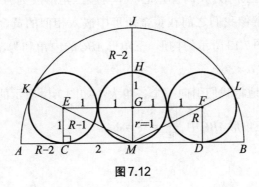

图7.12

黄金三角形

我们已经充分研究了著名的黄金矩形。现在我们准备来考虑与黄金三角形相关的黄金比例。正如你所料,黄金三角形与黄金矩形十分相似,有斐波那契数贯穿其中,因此它也展示出黄金比例。让我们考虑一个包含黄金比例的三角形。我们首先把一个等腰三角形放到另一个相似的等腰三角形中,就像我们之前在黄金矩形中嵌入相似的黄金矩形一样。为此,我们作如图7.13所示的构形。三角形 ABC 的内角和为 $\alpha + \alpha + \alpha + 2\alpha = 5\alpha = 180°$,因此 $\alpha = 36°$。

这就清楚地将我们引向一个各角大小如图7.14所示的三角形。简单计算表明,在三角形 ABC 中,$\dfrac{腰}{底} = \dfrac{1}{x} = \phi$。

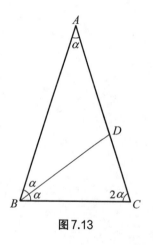

图 7.13

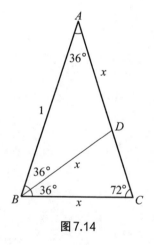

图 7.14

因此我们把这个三角形称为黄金三角形。构造黄金三角形的一种简单方法是首先构造黄金分割(在本章前面做过)。然后以黄金分割的较长部分 OB 为半径作一个圆 O,如图7.15所示。再以黄金分割的较小部分 AB 为半径,以较大圆上的任意点为圆心作一个圆 A。如图7.15所示,这两个圆的交点和两个圆的圆心就确定了一个黄金三角形。

通过相继作出每个新形成的、三个角分别为 36°、72°、72° 的三角形的底角的角平分线 BD、CE、DF、EG、FH,我们就会得到一系列黄金三角形

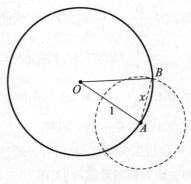

图 7.15

（见图 7.16）。这些三角形：ABC、BCD、CDE、DEF、EFG、FGH 都是黄金三角形。显然，如果空间允许，我们可以继续作角平分线，从而生成更多的黄金三角形。我们对黄金三角形的讨论将类似于对黄金矩形的讨论。

让我们从 $HG = 1$ 开始（图 7.16）。由于在黄金三角形中，$\dfrac{腰}{底} = \phi$，因此我们发现下列关系：

对于黄金三角形 FGH：$\dfrac{GF}{HG} = \dfrac{\phi}{1}$ 或 $\dfrac{GF}{1} = \dfrac{\phi}{1}$，因此 $GF = \phi$。

类似地，对于黄金三角形 EFG：$\dfrac{FE}{GF} = \dfrac{\phi}{1}$，而 $GF = \phi$，因此 $FE = \phi^2$。

在黄金三角形 DEF 中：$\dfrac{ED}{FE} = \dfrac{\phi}{1}$，而 $FE = \phi^2$，因此 $ED = \phi^3$。

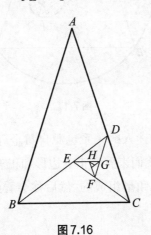

图 7.16

同样,对于三角形 CDE:$\dfrac{DC}{ED} = \dfrac{\phi}{1}$,而 $ED = \phi^3$,因此 $DC = \phi^4$。

对于三角形 BCD:$\dfrac{CB}{DC} = \dfrac{\phi}{1}$,而 $DC = \phi^4$,因此 $CB = \phi^5$。

最后,对于三角形 ABC:$\dfrac{BA}{CB} = \dfrac{\phi}{1}$,而 $CB = \phi^5$,因此 $BA = \phi^6$。

因此,我们看到黄金比例贯穿于整个图形。

正如前面对黄金矩形所做的那样,我们可以通过作弧来连接相邻黄金三角形的顶点,从而生成近似对数螺线(见图 7.17)。我们按如下方式作弧:首先以点 D 为圆心作弧 AB,然后以点 E 为圆心作弧 BC,以点 F 为圆心作弧 CD,以点 G 为圆心作弧 DE,以点 H 为圆心作弧 EF,以点 J 为圆心作弧 FG,这样螺线就形成了。

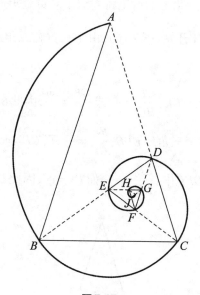

图 7.17

还有许多其他更加迷人的关系也源自黄金分割。既然你已经接触到了黄金三角形,接下来我们来看看正五边形和正五角星形的更多应用,因为它们是由许多黄金三角形组成的。然后你会看到黄金比例在这些形状中俯拾皆是。

正五边形和正五角星形

正五角星是毕达哥拉斯学派的象征,这个美妙的几何形状包含了许多黄金比例的关系。黄金三角形多次出现在这种形状之中(见图7.18和7.19)。按照毕达哥拉斯的观点,所有几何形状都可以用整数来描述。因此,当他的追随者之一,希帕索斯(Hippasus of Metapontum,约公元前450年)指出正五边形对角线与边长之比不能表示为整数之比时,他感到极为失望。换言之,这个比例不是一个有理数!这一特点延续到毕达哥拉斯学派的标志——五角星。这个秘密社团对这种反常现象感到有点不安,如今可将这一反常现象看作是无理数概念的开端。无理数即不能表示为两个整数之比的数,这也是无理数这个名字的由来。在正五边形中,对角线与边的比例是无理数。但希帕索斯找到了哪个无理数?你猜对了!就是黄金比例"ϕ"。

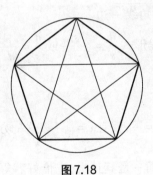

图7.18

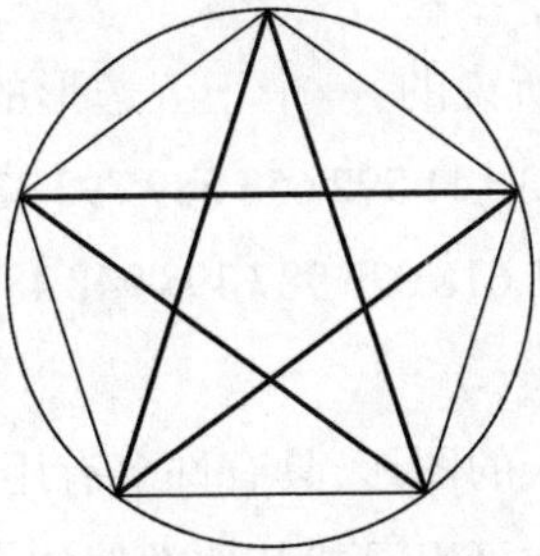

图7.19

为了证明这个长度关系是个无理数,我们使用这样一个事实:在一个正五边形中,每条对角线都平行于不与它相交的那条边。对于三角形AED和BTC而言,它们的各边相互平行,因此它们相似(图7.20)。

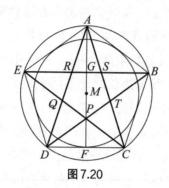

图7.20

因此$\dfrac{AD}{AE}=\dfrac{BC}{BT}$。又$BT=BD-TD=BD-AE$,因此,在正五边形中,以下比例成立:$\dfrac{对角线}{边}=\dfrac{边}{对角线-边}$。

我们可以写成方程形式$\dfrac{d}{s}=\dfrac{s}{d-s}$或$\dfrac{d}{s}=\dfrac{1}{\dfrac{d}{s}-1}$(其中$d$是对角线长度,$s$是边长)。

如果我们现在设$x=\dfrac{d}{s}$,就有$x=\dfrac{1}{x-1}$这一方程。这个方程可以化成二次方程$x^2-x-1=0$,而$\dfrac{d}{s}$是其正根,它恰好就等于无理数$\phi=\dfrac{\sqrt{5}+1}{2}$。(记住:$\sqrt{5}$是无理数!)

这就是我们一开始所说的:一个正五边形的对角线与边的比是一个无理数。正如无理数$\pi=3.141\,592\,653\,589\,793\,238\,4\cdots$显然与圆有着不可分割的联系,无理数$\phi=1.618\,033\,987\,498\,948\,482\cdots$与正五边形也有着不可分割的联系!

正五边形是一个迷人的图形,具有许多有用的属性。我们现在列出一些,供大家欣赏和思考。你可以寻找其他类似的一些属性。在图7.20中,正五边形ABCDE具有以下特性:

1. 每一个内角的大小都是108°：

$\angle EAB = \angle ABC = \angle BCD = \angle CDE = \angle DEA = 108°$

$\angle BEA = \angle CAB = \angle DBC = \angle ECD = \angle ADE = 36°$

$\angle PEB = \angle QAC = \angle RBD = \angle SCE = \angle TDA = 36°$

$\angle CDA = \angle DEB = \angle EAC = \angle ABD = \angle BCE = 72°$

2. $\triangle DAC$、$\triangle EBD$、$\triangle ACE$、$\triangle BDA$、$\triangle CEB$、$\triangle BEA$、$\triangle CAB$、$\triangle DBC$、$\triangle ECD$、$\triangle ADE$、$\triangle PEB$、$\triangle QAC$、$\triangle RBD$、$\triangle SCE$、$\triangle TDA$ 均为等腰三角形。

3. $\triangle DAC$ 和 $\triangle QCD$ 是相似的。

4. 五边形的所有对角线都具有相同长度。

5. 五边形的每一边都与"面对"它的那条对角线平行。

6. 图中贯穿着公比，例如：$\dfrac{AD}{DC} = \dfrac{CQ}{QD}$。

7. 两条对角线的交点将这两条对角线都分割成黄金比例。

8. 五边形 $PQRST$ 是一个正五边形。

图7.21表明了五边形和五角星形如何相互联系在一起，并无限趋近一点。

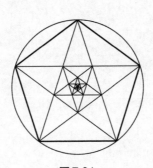

图 7.21

构造一个正六边形

构造一个正六边形的过程从作一个圆开始。然后,我们以这个圆上的任意一点为圆心,作一个有同样半径的圆。然后我们继续这个过程,每次都将前一个圆与原始圆的交点作为圆心。你总是会在起点结束,这样就构造出了一个正六边形。图7.22中有许多美妙的对称性留待读者去发现。

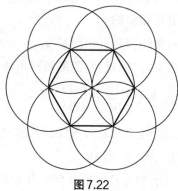

图 7.22

构造一个正五边形

作一个正五边形比作出其他大多数正多边形要复杂得多。如果我们试图以一种类似于作出其他多边形的方式来作一个正五边形，就会发现自己陷入一个困境。请思考下面这种奇怪的情况。

德国向西方文化作出最重要贡献的艺术家，可能要数丢勒（Albrecht Dürer，1471—1528）了。他在1525年创作的一件被人们遗忘的作品是一个正五边形的几何结构（仅使用直尺和圆规）。他知道这只是一个近似的正五边形，但它非常接近完美，以至于肉眼无法察觉到它的不精确性。丢勒向数学界提供了这一作图方法，作为绘制正五边形的一种简单替代方法，尽管结果得到的形状大约偏离半度。它与一个完美的正五边形的偏差非常小，但这一偏差也不可忽视。直到最近，工程书籍中仍然在介绍丢勒的正五边形作图方法。虽然它有缺陷，但我们仍将在这里介绍它，因为它很有启发性，而且被沿用了很多年。

我们从线段 AB 开始（图7.23）。按以下过程作五个以 AB 为半径的圆：

1. 以 A 和 B 为圆心作两个圆，它们相交于点 Q 和 N。

2. 以 Q 为圆心作一个圆，与圆 A 和 B 分别相交于点 R 和 S。

3. QN 与圆 Q 相交于点 P。

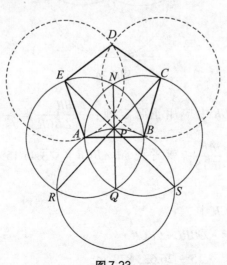

图7.23

4. SP 和 RP 与圆 A 和 B 分别相交于点 E 和 C。

5. 以 E 和 C 为圆心、AB 为半径作两个圆，它们相交于点 D。

则多边形 $ABCDE$ 是一个（近似的）正五边形。

虽然这个五边形看起来像是一个正五边形，但 $\angle ABC$ 约偏大 1 度的 $\dfrac{22}{60} = \dfrac{11}{30}$。如果五边形 $ABCDE$ 是一个正五边形的话，那么每个角都必须是 $108°$。我们将在下面向好奇的读者证明 $\angle ABC \approx 108.366\,120\,2°$。

在如图 7.24 所示的菱形 $ABQR$ 中，$\angle ARQ = 60°$，$BR = \sqrt{3}\,AB$，因为 BR 的长度实际上是等边三角形 ARQ 的高的两倍。由于三角形 PRQ 是一个等腰直角三角形，因此 $\angle PRQ = 45°$，$\angle BRC = 15°$。

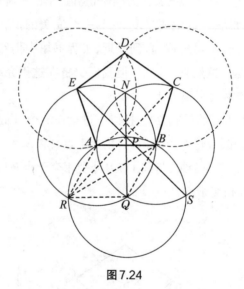

图 7.24

我们在 $\triangle BCR$ 中应用正弦定理：$\dfrac{BR}{\sin\angle BCR} = \dfrac{BC}{\sin\angle BRC}$。也就是说，$\dfrac{\sqrt{3}\,AB}{\sin\angle BCR} = \dfrac{AB}{\sin 15°}$，或者说 $\sin\angle BCR = \sqrt{3}\sin 15°$。因此，$\angle BCR \approx 26.633\,879\,84°$。

在三角形 BCR 中，

$\angle RBC = 180° - \angle BRC - \angle BCR$

$\quad\quad\;\; \approx 180° - 15° - 26.633\,879\,84°$

$$\approx 138.366\ 120\ 2°$$

既然∠ABR = 30°, 那么

$$\angle ABC = \angle RBC - \angle ABR$$

$$\approx 138.661\ 202° - 30°$$

$$= 108.661\ 202°$$

请注意, 正五边形的内角应该为108°! 此外, 请想一想丢勒的作图结果: ∠ABC =∠BAE ≈ 108.37°, ∠BCD =∠AED ≈ 107.94°, ∠EDC ≈ 107.38°。

有一种作正五边形的方法: 先画出一个黄金三角形, 然后只要沿着一个给定的圆标出它的底边长度, 如图7.25所示。

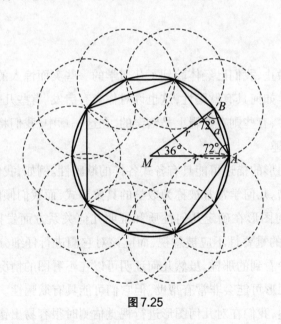

图7.25

第8章 几何错觉

到目前为止,我们已经体验到了几何学的一些美而惊人的关系。现在来看看几何学如何具有欺骗性,这也许对你会有启发。有些几何图形具有严重的误导性,有些则在逻辑上是错误的。在这一章中,我们将从这些"骗术"中获得乐趣。

对几何图形的描述可能具有各式各样的欺骗性。例如,我们的视觉感知可能会出错。几何学常常被称为数学的具象形式,而我们倾向于眼见为实。因此,几何图形在确定几何性质和证明几何关系方面发挥着重要作用。几何图形的重要性不应被忽视,而应该对它们进行仔细分析,正如我们将在本章中看到的那样。虽然几何证明可以在不看图的情况下完成,但描绘出几何图形可能会非常有帮助。但它们可能具有欺骗性。

如上所述,我们在对几何图形进行视觉估测时很容易出错。我们现在展示一些视错觉,因为研究它们可以帮助你对于视觉表现更具辨别力。我们将首先展示一些错误的视觉估测,然后展示逻辑错误如何被加剧和忽视。所以,请跟着我们一起来探索一些可能导致几何错觉的反直觉特性吧!

视错觉

我们首先比较图8.1中的两条线段。右边那条看起来比较长。在图8.2中,下面的线段看起来比较长。实际上,这些线段具有相同的长度。

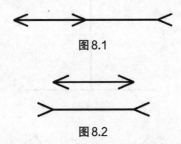

图8.1

图8.2

在图8.3中,有竖线的一段看起来比无竖线的那一段长。在图8.4的右边,较窄且竖直的那根棍子看起来比其他两根长,即使左边的图明示了它们的长度是相同的。

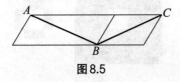

图8.3

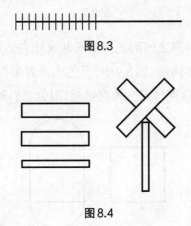

图8.4

在图8.5中可以看到另一种视错觉,其中 AB 看起来比 BC 长。这是不对的,因为 $AB = BC$。

图8.5

在图8.6中，竖直的线段看起来明显比较长，但实际上并非如此。图8.7中的两条曲线的长度和曲率看起来很不一样。然而，这两条曲线是相同的！

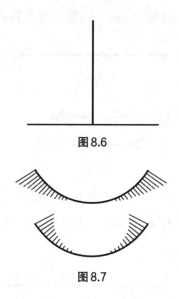

图8.6

图8.7

图8.8中，两个半圆之间的正方形看起来比左边的正方形大，但这两个正方形的大小是相同的。图8.9中，黑色大正方形内的正方形看起来比右边的正方形小。但这同样是一种视错觉，因为它们的大小相同。

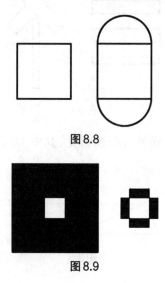

图8.8

图8.9

在图8.10中，我们的感觉再次被愚弄。在这里，左图中内切于正方形的那个圆看起来比右图中外接于正方形的圆小。同样，这两个圆的大小是相同的！

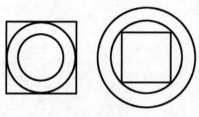

图8.10

图8.11、8.12、8.13表明了相对位置会如何影响几何图形的外观。在图8.11中，中间的正方形似乎是这组正方形中最大的，但事实并非如此。在图8.12中，左边的黑色中心圆看起来比右边的黑色中心圆小，但其实也不是这样。在图8.13中，左边的中心扇形看起来比右边的中心扇形小。在所有这些情况下，两个图形看起来大小不同，但事实上是大小一样的！

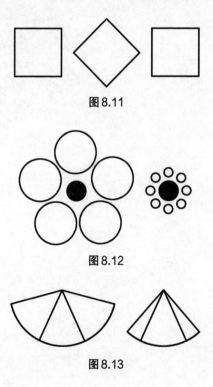

图8.11

图8.12

图8.13

在这本书中，我们一直避免证明几何学所提供的这些优美的关系。不过，我们现在要回到"证明"，来表明几何学在通过错误的证明得到荒谬的结论时，同样具有趣味性。其中的诀窍是要找出错误的所在之处。现在请读者接受挑战吧！

一个直角怎么可能等于一个钝角?

这个几何错误显示了一些必定成立且不可忽略的性质。此外,它还聚焦于一个很少被认识到的概念:反射角。接下来请跟随我们"证明"一个直角可能等于一个钝角(大于90°的角)。

我们从一个矩形 *ABCD* 开始,其中 *FA* = *BA*,*R* 是 *BC* 的中点,*N* 是 *CF* 的中点(图8.14)。我们现在将"证明"直角∠*CDA* 等于钝角∠*FAD*。

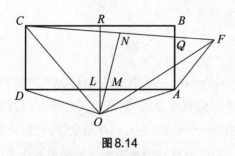

图8.14

为了得出这个"证明",我们首先作 *RL* 垂直于 *CB*,作 *MN* 垂直于 *CF*。于是 *RL* 和 *MN* 相交于点 *O*。如果它们不相交,那么 *RL* 和 *MN* 就会是平行的。这就意味着 *CB* 与 *CF* 平行或重合,而这是不可能的。为了完成我们的"证明"所需的图形,我们连接 *DO*、*CO*、*FO*、*AO*。

我们现在准备开始"证明"了。由于 *RO* 是 *CB* 和 *AD* 的垂直平分线,因此我们知道 *DO* = *AO*。同样,由于 *NO* 是 *CF* 的垂直平分线,因此我们得到 *CO* = *FO*。此外,由于 *FA* = *BA*、*BA* = *CD*,因此我们可以得出 *FA* = *CD* 的结论。这使我们能够确定△*CDO* ≌ △*FAO*(SSS),从而∠*ODC* = ∠*OAF*。我们由 *OD* = *OA* 继续得出三角形 *AOD* 是等腰三角形,因此其底角∠*ODA* 与∠*OAD* 相等。现在,∠*ODC* − ∠*ODA* = ∠*OAF* − ∠*OAD*,或者说∠*CDA* = ∠*FAD*。这说明直角等于钝角。一定是在哪里搞错了!

很明显,这个"证明"没有错。但是,如果你用直尺和圆规来重新作这张图,那么它看起来就会像图8.15一样。

正如你所看到的,这里的错误在于一个反射角,一个通常不被考虑的角。对于矩形 *ABCD*,*AD* 的垂直平分线也会是 *BC* 的垂直平分线。因此,

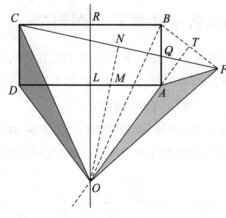

图 8.15

$OC = OB$, $OC = OF$, $OB = OF$。由于点 A 和点 O 到 BF 两端的距离相等，因此直线 AO 必定是 BF 的垂直平分线。这就是问题所在，我们必须考虑 $\angle BAO$ 的反射角。虽然这两个三角形 CDO、FAO 是全等的，但是我们不能再减去那些特定的角了。因此，造成这一证明错误的起因就在于错误的作图。

所有角都是直角的错误"证明"

我们从四边形*ABCD*开始这一论述,其中*AB* = *CD*,直角∠*BAD* = δ(见图 8.16)。我们允许∠*ADC* = δ′的角度是随机的,但会证明它实际上是一个直角。通过证明这一点,我们就证明了任意角都是一个直角。

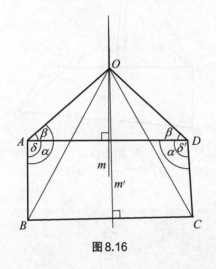

图8.16

下一步,我们作*AD*的垂直平分线*m*和*BC*的垂直平分线*m*′。这两条垂直平分线相交于点*O*。于是点*O*与点*A*和点*D*等距,与点*B*和点*C*也等距。因此,*OA* = *OD*,*OB* = *OC*。于是我们可以得出△*OAB* ≅ △*ODC*的结论,而由此得出∠*BAO* = ∠*ODC* = α。

既然三角形*OAD*是等腰三角形,那么就有∠*DAO* = ∠*ODA* = β。因此,δ = ∠*BAD* = ∠*BAO* − ∠*DAO* = α − β,而δ′ = ∠*ADC* = ∠*ODC* − ∠*ODA* = α − β。

由此得出的结论就是δ = δ′。然而,这个结果是荒唐的。一定是在哪里出错了。让我们回顾一下原来的图。

事实上,图8.16的图形欺骗了我们,因为它是故意画错的。关键错误是那两条垂直平分线的交点,它必定在四边形以外、比图中所示的更远的地方。正确的图形应如图8.17所示。我们于是得到δ = α − β,然而δ′ = 360° − α − β。这就使错误的"证明"失效了。古希腊人可能很难确定这个错误,因为"介于"的概念直到20世纪才提出。换言之,一个点在哪里,是否介于其他给定的两点之间？我们稍后会再次遇到这个问题。

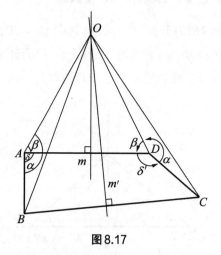

图 8.17

另一个错误的"证明"：一个平面上的两条任意画出的直线总是平行的

我们从两条任意画出的直线 l_1 和 l_2 开始这一论述。首先作两条平行线 AD 和 BC，它们与给定的两条直线 l_1 和 l_2 相交。然后作 EF 平行于 AD，这样就完成了所需的图形。直线 EF 分别与 BD 和 AC 相交于点 G 和 H（见图8.18）。

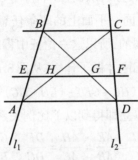

图8.18

三角形 AEH 与 ABC 相似，三角形 HCF 与 ACD 也相似。因此，我们可以确定以下比例关系：

$$\frac{EH}{BC} = \frac{AH}{AC} \text{ 和 } \frac{HF}{AD} = \frac{HC}{AC}$$

当我们把这两个比例加起来，就得到：

$$\frac{EH}{BC} + \frac{HF}{AD} = \frac{AH}{AC} + \frac{HC}{AC} = \frac{AH + HC}{AC} = 1$$

也就是说

$$\frac{EH}{BC} + \frac{HF}{AD} = 1$$

类似地，我们还可以确定三角形 BGE 与 BDA 相似，三角形 BDC 与 GDF 也相似，然后得到以下结果：

$$\frac{EG}{AD} + \frac{GF}{BC} = 1$$

由于最后两个等式都等于1，因此我们得到：

$$\frac{EH}{BC} + \frac{HF}{AD} = \frac{EG}{AD} + \frac{GF}{BC} \text{ 或者 } \frac{HF}{AD} - \frac{EG}{AD} = \frac{GF}{BC} - \frac{EH}{BC}$$

由此可得：

$$\frac{HF - EG}{AD} = \frac{GF - EH}{BC}$$

从这个图形中，我们看出 $HF - EG = (EF - EH) - (EF - GF) = GF - EH$。这告诉我们，这两个相等分数的分子是相等的，于是它们的分母也必定相等。因此，$AD = BC$。由于我们是从 AD 平行于 BC 开始的，因此四边形 $ABCD$ 必定是一个平行四边形，从而 AB 平行于 CD，或者说 l_1 平行于 l_2。这样，我们似乎已经证明了同一平面上的两条任意画出的直线实际上是平行的。显而易见，这是荒谬的，所以这一论证中肯定有一个错误。

让我们再来看看我们刚才做了什么。从图 8.18 中可以清楚地看出，

$$HF - EG = (HG + GF) - (EH + HG) = GF - EH$$

从图中的平行线可以立即得到以下比例关系：

$$\frac{EH}{BC} = \frac{AE}{AB} = \frac{AH}{AC} = \frac{DF}{DC} = \frac{GF}{BC}$$

由于 $BC \neq 0$，于是我们就有 $EH = GF$。因此，$GF - EH = 0$，$HF - EG$ 也必定等于 0。根据前面的那个等式可得：

$$\frac{HF - EG}{AD} = \frac{GF - EH}{BC}$$

通过代换，我们得到如下关系：

$$\frac{0}{AD} = \frac{0}{BC}$$

这实质上告诉我们，我们没有理由说 $AD = BC$，因为实质上 AD 和 BC 取任何值都可以使这个等式成立。这就是错误的所在。

"证明"一个不等边三角形是一个等腰三角形,或者所有三角形都是等腰三角形。错在哪里?

几何学中的错误——有时也称为谬误——往往来自缺乏一个定义的错误图形。不过,正如我们所知道的,在古代,一些几何学家是在没有作图的情况下讨论他们的几何发现或关系的。例如,正如我们前面所指出的,在欧几里得的著作中,没有考虑"介于"的概念。当这个概念被忽略时,我们就可以证明任何三角形都是等腰三角形——也就是说,一个三边长度不同的三角形确实会有两条相等的边。这听起来有点奇怪。但我们可以给出这个"证明",并请读者在我们揭示错误之前尝试去发现错误所在之处。

我们先作一个不等边三角形(即任何两边都不相等的三角形),然后"证明"它是一个等腰三角形(即有两边等长的三角形)。考虑一个不等边三角形 ABC,在这里我们作 $\angle C$ 的平分线和 AB 的垂直平分线。我们从它们的交点 G 作 AC 和 CB 的垂线,垂足分别为点 D 和 F。

现在,对于各种不等边三角形,符合上述描述的有四种可能性:在图 8.19 中,CG 和 GE 相交于三角形内部的点 G;在图 8.20 中,CG 和 GE 相交于 AB 边上(即点 E 和 G 重合);在图 8.21 中,CG 和 GE 相交于三角形外部(交点为 G),但垂线 GD 和 GF 分别与线段 AC 和 CB 相交(交点分别是点 D 和 F);在图 8.22 中,CG 和 GE 相交于三角形外部,但垂线 GD 和 GF 分别与 CA、CB 的延长线相交(交点分别是点 D 和 F)。

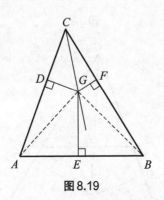

图8.19

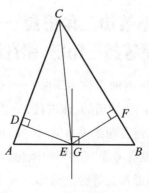

图 8.20

错误（或谬误）的"证明"可以用上面的任何一个图来完成。循序渐进地看下去，看看这个错误是否会在进一步阅读之前显示出来。我们从一个不等边三角形 ABC 开始，"证明" $AC = BC$（或者说 ABC 是等腰三角形）。

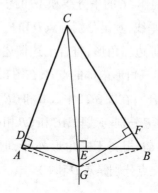

图 8.21

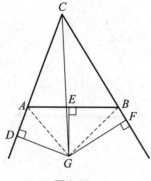

图 8.22

由于 CG 是 $\angle ACB$ 的角平分线,因此 $\angle ACG = \angle BCG$。GD 和 GF 分别是 AC、BC 边的垂线,从而 $\angle CDG = \angle CFG$。这使我们能够得出结论 $\triangle CDG \cong \triangle CFG$(SAA)。因此,$DG = FG$,$CD = CF$。由于垂直平分线($EG$)上的点到线段两端的距离相等,因此 $AG = BG$。此外,$\angle ADG$ 和 $\angle BFG$ 是直角。于是我们得到 $\triangle DAG \cong \triangle FBG$(因为它们的斜边和直角边都全等),因此 $DA = FB$。由此可得 $AC = BC$(图 8.19、8.20、8.21 中通过加法,图 8.22 中通过减法)。

在这一刻,你可能会感到相当不安。你可能想知道是哪里出了错才导致发生了这一错误。你可以质疑这些图的正确性。好吧,通过严格的作图,你会发现这些图中有一个细微的错误。我们现在将揭示这个错误,并说明它如何引导我们以一种更合理、更精确的方式来引用几何概念。

首先,我们可以证明点 G 必定在三角形之外。然后,当垂线与三角形的边相交时,其中一条垂线与一边的交点将介于两个顶点之间,而另一条垂线与另一边的交点则不是这样。我们可以把这个错误"归咎"于欧几里得缺乏"介于"的概念。不过,这一特殊错误的美妙之处在于它对这个介于问题的证明,从而指出了错误之所在。

首先考虑三角形 ABC 的外接圆(图 8.23)。$\angle ACB$ 的平分线必定经过弧 AB 的中点 M(因为 $\angle ACM$ 和 $\angle BCM$ 是相等的圆周角)。AB 的垂直平分线必定平分弧 AB,从而必定通过点 M。因此,$\angle ACB$ 的平分线与 AB 的垂直平分线相交于外接圆上,该交点在三角形外部的点 M(或 G)。这就排除了图 8.19 和 8.20 这两种可能性。

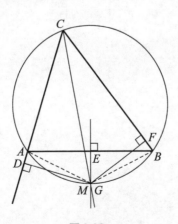

图 8.23

现在考虑圆内接四边形$ACBG$。由于内接四边形(或者叫循环四边形)的对角是互补的,因此$\angle CAG + \angle CBG = 180°$。如果$\angle CAG$和$\angle CBG$是直角,那么$CG$就会是直径,于是三角形$ABC$就会是等腰三角形。因此,既然三角形$ABC$是不等边的,那么$\angle CAG$和$\angle CBG$就不是直角。在这种情况下,一个角必定是锐角,而另一个角必定是钝角。假设$\angle CBG$是锐角,$\angle CAG$是钝角。那么在三角形CBG中,CB上的高必定在三角形内部,而在钝角三角形CAG中,AC上的高必定在三角形外部。有且只有一条垂线与三角形的一边的交点介于两个顶点之间,这一事实破坏了谬误的"证明"。这一推导取决于"介于"的定义,而这是欧几里得没有的概念。

"一个三角形可以有两个直角"的错误证明

下一个几何错觉能让一个毫无戒心的人真的方寸大乱。对于两个任意大小的相交圆,我们从其中一个交点作它们的直径,然后将直径的另一端相连,如图8.24所示。

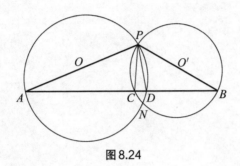

图8.24

在图8.24中,直径AP和BP的端点由直线AB连接,AB与圆O相交于点D,与圆O'相交于点C。在这里,我们发现$\angle ADP$内接于半圆PNA,$\angle BCP$内接于半圆PNB,因此它们都是直角。于是我们就陷入了困境:三角形CPD有两个直角!这是不可能的。因此,我们的推断过程中一定有什么地方出了错。

忽视"介于"这个概念就会导致我们陷入这种困境。当我们正确地作这个图时,就会发现$\angle CPD$必定等于0,因为三角形的内角和不能超过180°。这将使三角形CPD不存在。图8.25显示了这种情况的正确图示。

在图8.25中,我们可以很容易看出$\triangle POO' \cong \triangle NOO'$,于是$\angle POO' = \angle NOO'$。由于$\angle PON = \angle A + \angle ANO$以及$\angle ANO = \angle NOO'$(内错角),因此我

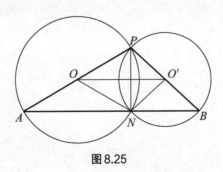

图8.25

们有∠POO' = ∠A，于是AN与OO'平行。同样的论证也可以用于圆O'，得到BN与OO'平行。由于线段AN和BN都与OO'平行，因此它们实际上必定是一条直线ANB。这证明了图8.25中的图形是正确的，而图8.24中的图形是不正确的。

三角形的每个外角都等于它的一个不相邻内角

我们从三角形 ABC 开始,如图8.26所示,试图证明角 δ 和 α 是相等的。

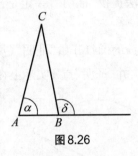

图8.26

现在参考图8.27,其中有四边形 $APQC$,作图时使其满足 $\angle CAP + \angle CQP = \alpha + \varepsilon = 180°$。然后通过三个点 C、P、Q 作一个圆。直线 AP 与圆相交于点 B。连接 BC,就构造出了循环四边形(即可以内接于一个圆的四边形)$BPQC$,从而以下关系成立:$\angle CQP + \angle CBP = \varepsilon + \delta = \angle BCQ + \angle BPQ = 180°$。

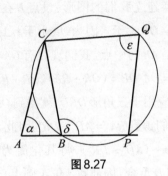

图8.27

但是,我们一开始作的图满足 $\angle CAP + \angle CQP = \alpha + \varepsilon = 180°$,因此现在可以得出 $\angle CAP = \angle CBP$,也就是说 $\alpha = \delta$。一定在什么地方出错了。错在哪里?

如果四边形 $APQC$ 具有 $\angle CAP + \angle CQP = \alpha + \varepsilon = 180°$ 的属性,且顶点 C、P、Q 在同一个圆上,则四边形 $APQC$ 也必定是一个圆内接四边形,这意味着点 A 也必定在这个圆上。而这就表明 A 和 B 必定是同一点。在这种情况下,三角形 ABC 不可能存在。于是错误就暴露出来了。

圆内任意一点也在圆上

让我们考虑一个矛盾的说法：圆内任意一点也在圆上。这听起来很荒谬，但我们可以为这种说法提供"证明"。一定是出了错，否则我们就会陷入逻辑困境。

我们将从一个半径为r的圆O开始"证明"（见图8.28）。然后设A是圆内部不同于O的任意一点，并"证明"点A实际上在这个圆上。

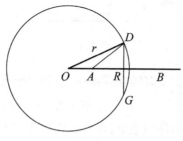

图8.28

我们将按如下步骤建立我们的图形：设点B在OA的延长线上，使得$OA \cdot OB = OD^2 = r^2$。（显然，OB大于r，因为OA小于r。）AB的垂直平分线与圆相交于点D和G，点R是AB的中点。我们现在有$OA = OR - RA$和$OB = OR + RB = OR + RA$。因此，$r^2 = OA \cdot OB = (OR - RA)(OR + RA)$或$r^2 = OR^2 - RA^2$。不过，将毕达哥拉斯定理应用于三角形$ORD$，就得到$OR^2 = r^2 - DR^2$，再次将其应用于三角形$ADR$，我们得到$RA^2 = AD^2 - DR^2$。因此，既然$r^2 = OR^2 - RA^2$，我们就得到$r^2 = (r^2 - DR^2) - (AD^2 - DR^2)$，将其化简为$r^2 = r^2 - AD^2$。这意味着$AD^2 = 0$；换言之，点$A$与$D$重合，因此点$A$位于圆上。也就是说，圆内的点$A$被证明在圆上。一定是哪里出错了！

这个证明的谬误在于，我们作了一条辅助线DRG，它有两个条件——它是AB的垂直平分线，并且与圆相交。实际上，AB的垂直平分线上的所有点都位于圆的外部，不可能与圆相交。遵循代数过程：

$r^2 = OA \cdot OB$

$r^2 = OA \cdot (OA + AB)$

$r^2 = OA^2 + OA \cdot AB$。 　　　　　　　　　　　　　　（ I ）

这一"证明"假设 $OA + \dfrac{AB}{2} < r$。

将不等式的两边都乘以 2,我们得到:$2 \cdot OA + AB < 2r$。

将该不等式两边取平方,我们得到:

$4 \cdot OA^2 + 4 \cdot OA \cdot AB + AB^2 < 4r^2$ （Ⅱ）

将方程(Ⅰ)乘以 4,得 $4r^2 = 4OA^2 + 4 \cdot OA \cdot AB$,并将其代入方程(Ⅱ)中,得到 $4r^2 + AB^2 < 4r^2$,或者 $AB^2 < 0$,这是不可能的。这里的错误警告我们,不要让点具有过多的属性,以致超过了可能。也就是说,在作辅助线时,我们必须确保它们只使用一个条件。

怎么可能有64 = 65?

我们现在讨论一个数学错觉，道奇森（Charles Lutwidge Dodgson，1832—1898）使更多人认识到这个错觉，他以卡罗尔（Lewis Carroll）的笔名写了《爱丽丝漫游奇境记》(*Alice's Adventures in Wonderland*)。在图8.29中，我们注意到左边的正方形的面积为8 × 8 = 64，它被划分为两个全等的梯形和两个全等的直角三角形。然而，当这四个部分被放置到不同的构形中时（如图8.29右边所示），我们得到了一个面积为5 × 13 = 65的矩形。怎么可能有64 = 65?一定是哪里出错了。

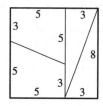
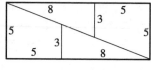

图8.29

当我们正确地作出由这个正方形的四部分所组成的矩形时，就会发现一个额外的平行四边形。图8.30中将其尺寸夸大了。

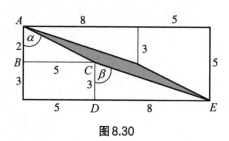

图8.30

出现这个平行四边形（用阴影表示），是由于α和β的角度不等这一事实。然而，在最初的图形中，这一点并不容易一眼看出！表明这一点的最简单的方法也许是借助于我们熟悉的正切函数。在三角形ABC中，$\tan \alpha = \frac{5}{2} = 2.5$，而$\tan \beta = \frac{8}{3} \approx 2.667$。为了使线段$ACE$为直线，从而阻止平行四边形的形成，$\alpha$和$\beta$这两个角必须相等。然而它们具有不同的正切值，因此情况并非如此！这样，这个容易被忽视的错误就暴露出来了。

具有误导性的极限

极限的概念不可掉以轻心,因为它是一个非常复杂的概念,很容易被曲解。围绕这个概念的问题有时是相当微妙的,对极限的误解会导致一些奇异的状况(或者说幽默的情况,这取决于你的看法)。下面两幅图很好地展示了这一点。不要对你将要得出的结论感到太不安。记住,这只是为了娱乐。分别考虑这两幅图,然后注意它们之间的联系。

很容易看出,粗线段("台阶")的长度之和等于 $a+b$,因为竖直粗线段的长度之和等于 $OP=a$,水平粗线段的长度之和等于 $OQ=b$(见图 8.31)。

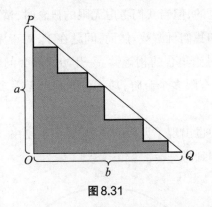

图 8.31

将所有水平线段和竖直线段相加,就可得到粗线段("台阶")之和是 $a+b$。如果台阶数增加,那么总和仍然是 $a+b$。当我们继续将台阶数增加到"极限",从而使它们越来越小时,就会出现困境。这使得这组台阶看起来像是一条直线,在本例中是三角形 POQ 的斜边 PQ。这样看来,PQ 的长度就会是 $a+b$,但是我们由毕达哥拉斯定理知道 $PQ=\sqrt{a^2+b^2}$,而不是 $a+b$。那么是哪里出错了?

没有任何地方出错!尽管由台阶组成的整组楼梯长度确实越来越接近直线段 PQ,但并不能因此而得出粗线段(水平线段和竖直线段)的长度之和就接近 PQ 的长度,这与我们的直觉相反。这里并没有矛盾,只是我们直觉失效了。

"解释"这种困境的另一种方法是论证以下几点。当"台阶"变小时,其数量随之增加。在最极端的情况下，每个维度的楼梯长度都为0，而数量是无穷多。于是就会导致考虑$0 \cdot \infty$，而这是没有意义的！事实上，不管台阶有多小，构成一个小直角三角形的两条相邻垂线之和永远不等于它们的斜边。它们就是小直角三角形。这可能有点难以理解，但却是使用无限的危险之一。

说句题外话，正整数集$\{1,2,3,4,\cdots\}$似乎是一个比正偶数集$\{2,4,6,8,\cdots\}$更大的集合，因为正整数集中的所有正奇数都缺失了。然而，由于它们都是无限集，因此它们的大小是相等的！我们的理由如下：对于自然数集中的每一个数，正偶数集合中都有一个"搭档"成员，因此它们的大小相等。这违反直觉？是的，但当我们考虑无限的概念时，情况就是这样。

无限似乎在和我们玩游戏。然而，问题在于，对于无限，我们不能再像对待有限集那样讨论集合的相等性。一开始的那个问题中的台阶也是如此。我们可能画出有限多个台阶，却不可能画出无限多个台阶。这就是问题所在。

下面的例子中也出现了类似的情况。在图8.32中，较小的半圆从大半圆直径的一端延伸到另一端。

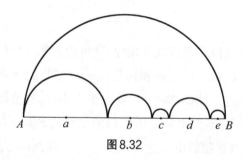

图8.32

很容易证明这些小半圆的弧长之和等于大半圆的弧长：

$$\text{小半圆的弧长之和} = \frac{\pi a}{2} + \frac{\pi b}{2} + \frac{\pi c}{2} + \frac{\pi d}{2} + \frac{\pi e}{2}$$

$$= \frac{\pi}{2}(a+b+c+d+e)$$

$$= \frac{\pi}{2}AB(\text{即大半圆的弧长})$$

这也许看起来不像是真的,但事实就是如此!事实上,当增加小半圆的数量时(当然,它们变小了),它们的弧长之和似乎应该接近线段AB的长度,也就是说,$\frac{\pi}{2}AB = AB$。更进一步,如果设$AB = 1$,那么就会得到$\pi = 2$,我们知道,这是一个错误!

又一次,由半圆组成的集合看起来确实接近直线段AB的长度。然而,这并不意味着这些半圆的弧长之和就接近极限的长度,而在这种情况下极限就是AB。

这种"看起来的极限和"是荒谬的,因为点A与点B之间的最短距离是线段AB的长度,而不是半圆弧AB(等于较小的半圆之和)的长度。这些激发兴趣的图也许对这个重要概念给出了最好的解释,从而可以在将来避免曲解。

一般几何技巧中常见的错误尝试

在笔不离纸的情况下,连接图8.33中的六个点最少需要几条直线?

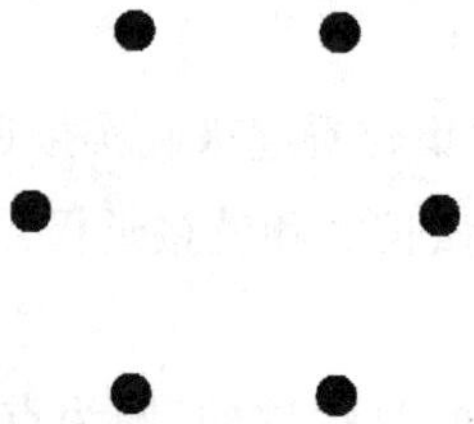

图8.33

对这个问题的典型回答是五条直线,通常画成图8.34所示的方式之一。但这是连接这六个点的最少直线吗?

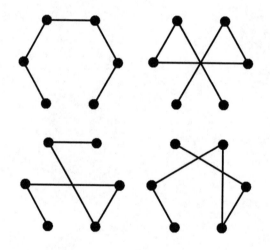

图8.34

正如你所料,答案是否定的。用少于五条线就可以连接这六个点。错觉就在于,我们认为每条线段都必须终止于其中一个点。你可以从图8.35中看到,用四条直线就能连接这些点。

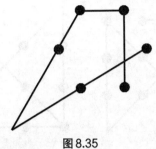

图 8.35

消除了每条线段必须终止于给定点之一的限制之后，我们甚至能得到更好的解答：图 8.36 所示的三条线段。

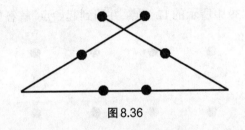

图 8.36

先前的那些错觉现在可以为以下情形提供参考。这一次给定的是 9 个点，如图 8.37 所示，要求我们在笔不离纸的情况下用四条直线将它们连接起来。

图 8.37

根据之前的经验，我们应该能够得出图 8.38 所示的解答。

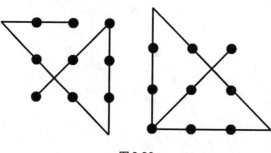

图 8.38

既然读者现在遇到这类连接点问题时，已经不会再犯第一种常见错误了，那么我们再来提出两个挑战。第一个，在笔不离纸的情况下，仅用五条直线连接图 8.39 中所示的 12 个点，并回到起始点。解答如图 8.40 所示。

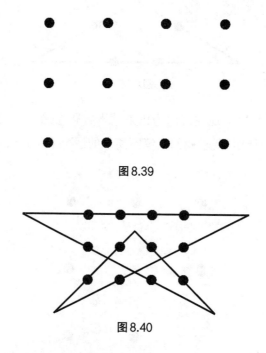

图 8.39

图 8.40

第二个，在笔不离纸的情况下，仅用八条直线连接图 8.41 中所示的 25 个点，然后回到起始点。使用九条直线并不是那么困难，但是使用八条直线是相当有挑战性的。图 8.42 中提供了一种解答。

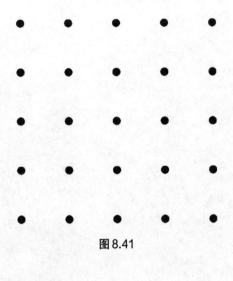

图 8.41

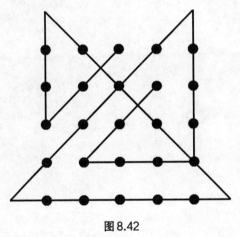

图 8.42

　　我们现在已经看到了各种各样的几何错觉。其中许多错觉使我们对几何原理有了更深刻的认识。那些被视为"悖论"的东西，也让我们看到了常常在不经意间遇到的曲解。总之，通过对几何错觉的探索，我们对几何的理解和欣赏水平得到了极大的提高。